钢材表面锈蚀图像检测与处理

陈法法　成孟腾　陈保家　著

华中科技大学出版社

中国·武汉

内 容 简 介

本书是基于作者多年来从事锈蚀图像检测技术研究的成果,经过整理加工而成的。主要介绍了金属锈蚀原理、锈蚀形态及锈蚀图像检测技术。重点介绍了锈蚀图像采集的硬件组成、锈蚀图像的数据压缩方法、锈蚀图像的特征增强方法、锈蚀图像的目标区域分割、锈蚀图像的锈蚀等级评估等内容。

本书可作为科研院所和高等学校从事锈蚀图像检测相关技术研究与开发的研究人员或工程技术人员的参考书,也可作为从事机器视觉和智能检测方面研究与开发的研究人员或工程技术人员的参考书。

图书在版编目(CIP)数据

钢材表面锈蚀图像检测与处理/陈法法,成孟腾,陈保家著. —武汉:华中科技大学出版社,2024.1
ISBN 978-7-5680-9915-8

Ⅰ.①钢…　Ⅱ.①陈…②成…③陈…　Ⅲ.①建筑材料-钢-锈蚀-检测　②建筑材料-钢-防锈-处理　Ⅳ.①TU511.3

中国国家版本馆 CIP 数据核字(2024)第 002121 号

钢材表面锈蚀图像检测与处理　　　　　　陈法法　　成孟腾　　陈保家　著
Gangcai Biaomian Xiushi Tuxiang Jiance yu Chuli

责任编辑:陈　骏　郭娅辛
封面设计:旗语书装
责任校对:刘小雨
责任监印:朱　玢
出版发行:华中科技大学出版社(中国·武汉)　　电话:(027)81321913
　　　　　武汉市东湖新技术开发区华工科技园　　邮编:430223
录　　排:华中科技大学惠友文印中心
印　　刷:武汉市洪林印务有限公司
开　　本:710mm×1000mm　1/16
印　　张:11.75
字　　数:211千字
版　　次:2024 年 1 月第 1 版第 1 次印刷
定　　价:78.00 元

前　　言

近年来，我国科研人员在机械设备的设计、制造等领域取得的成就举世瞩目。然而，以钢铁为主体材料的大部分机械设备，受服役条件所限，只能长期安装于野外，如水利行业的水工钢闸门、拦污栅，石油工程领域的钻井平台，风电行业的风电塔架等，受潮湿等环境因素影响，极易滋生锈蚀。

尽管工程技术人员对上述设备采取了各式各样的防锈措施，如通过防锈涂层阻碍设备与氧气、水、酸性物质等的接触，但是通过市场调研发现，上述设备的很大一部分结构缺陷依然是因锈蚀而起。锈蚀在工程中是一个普遍且严重的问题，会直接引起金属构件断面面积减少、截面应力提高，直接导致构件承载能力、刚度和稳定性下降，这不仅会缩短金属构件的使用寿命，严重时甚至会引发灾难性事故。在工程领域，人们常常把金属锈蚀称为"金属癌症"或"无焰火灾"。

由于众多的金属结构及平台已经稳固地安装在工业现场，现场的维保技术人员需要定期对这些金属结构及平台进行检测，确保其安全服役。笔者所在的课题组多年在葛洲坝、三峡、隔河岩等大型水电站现场进行金属结构病害分析时发现，现场的工程技术人员更关注锈蚀检测，即快速确定哪些金属结构需要进行维护加固，哪些金属结构由于锈蚀程度较轻，暂不需要进行维护加固。

传统上，目视检查是大型水工机械设备常规的检测任务，专业人员对锈蚀部位进行外观检测，并结合国家标准样图完成综合测评。然而在实际操作中，人们很难近距离接触锈蚀区域并进行目测评估，并且检测结果具有很强的主观性。近年来，数字图像技术已开始应用于各行各业的缺陷检测中，本书针对钢材表面锈蚀图像的检测难点和处理难点进行研究分析，系统阐述了钢材表面锈蚀图像检测与处理的相关技术与方法。

本书主要围绕钢材表面锈蚀图像自动检测和处理的一些关键共性技术展开，设计了一些独到的锈蚀图像检测与处理的研究方法。研究内容涉及锈蚀机理、锈蚀形态、锈蚀图像获取、锈蚀图像压缩、锈蚀特征增强、锈蚀目标区域分割、锈蚀等级评估等理论及应用技术。本书将理论研究与工程应用紧密结合，以锈蚀图像采集—预处理—处理—应用为主线，大量采用了实测的锈蚀图像，结合相关章节内容展开论述，以便读者更好地理解锈蚀图像检测与处理方法的工程内涵。

在本书的内容编排上,研究生成孟腾、杨蕴鹏、潘瑞雪、蒋浩、董海飞、邓斌、李振等同学给予了大量支持和帮助,华中科技大学出版社对内容编排提出了宝贵意见,陈保家教授协助完成了部分文字的校对工作。本书的出版还得到了三峡大学国家项目培育基金和国家大坝安全工程技术研究中心开放基金等的资助,在此一并表示衷心的感谢!

我们尽力列出了本书参考的文献,若有疏漏请原作者谅解,在此向所有原作者致敬!由于作者水平有限,书中难免存在一些不足之处,恳请广大读者批评指正。

作者

2023 年 10 月

目　　录

第 1 章 绪 论

人们习惯上把金属在大气中由于氧气、水分及其他介质作用所引起的变色和腐蚀称为"生锈"或"锈蚀",其腐蚀产物统称为"锈"。锈蚀本质上是一种自发进行的氧化还原反应。

在自然界中,只有少数的贵重金属以金属单质形式存在,绝大多数的自然态金属都以矿石(即金属化合物)形式存在,需要经过冶炼或者电解才能获得金属单质。该过程需要吸收大量的能量,所得的金属单质通常是不稳定的。化学热力学指出,一切化学反应都将向吉布斯自由能量减少的方向进行。当金属材料暴露在潮湿有氧的环境中时,便会逐渐恢复到更稳定的自然化合态,这是一个自发进行的反应,并在这个过程中伴随着能量的释放。

1.1 金属腐蚀与锈蚀

1.1.1 金属腐蚀与锈蚀的定义

在 20 世纪 50 年代以前,腐蚀的定义只局限于金属材料,指的是金属与周围环境中的腐蚀介质(主要是液体和气体)发生化学反应、电化学反应或者物理溶解而产生的一种破坏现象。而 20 世纪 50 年代以后,随着非金属材料(如高分子合成材料)的迅速发展,腐蚀所涉及的范围从金属材料扩大到所有材料,其定义也被重新描述为"材料在环境作用下产生的破坏和变质现象"。因此,诸如砖石的风化、木材的腐烂、塑料和橡胶的老化也可视为腐蚀。

金属锈蚀是金属腐蚀的一种形式,金属锈蚀包括纯化学反应或者电化学反应所引起的破坏,而金属腐蚀在金属锈蚀的基础上还包含了因物理溶解所引起的破坏,二者在概念上是从属关系。在工业应用中,金属锈蚀是金属腐蚀的主要形态。锈蚀中的"锈"指的就是金属的腐蚀产物,例如铁锈蚀后表面产生的棕黄色"铁锈"[$Fe_2O_3 \cdot nH_2O$、$FeO(OH)$、$Fe(OH)_3$ 等]、铜锈蚀后表面产生的绿色"铜锈"[$Cu_2(OH)_2CO_3$]以及铝锈蚀后表面产生的灰白色"铝锈"(Al_2O_3)。锈蚀在工程中是一个普遍且严重的问题,会造成金属材料失效,导致安全事故发生,威胁人类生命安全,因此需要对金属的锈蚀问题加以重视。

1.1.2　金属腐蚀的分类

金属腐蚀的分类方法多种多样。根据失效形式不同,可分为全面腐蚀和局部腐蚀,其中局部腐蚀包括点蚀、电偶腐蚀、应力腐蚀、腐蚀疲劳、缝隙腐蚀、磨损腐蚀、冲刷腐蚀、空泡腐蚀、侵蚀等。根据服役环境不同,可分为大气腐蚀、土壤腐蚀、海水腐蚀,其中大气腐蚀按照《大气环境腐蚀性分类》GB/T 15957—1995又可分为农村大气环境、城市大气环境、工业大气环境、海洋大气环境等。金属材料在加工、存储、运输和使用过程中若无特殊处理,则均是暴露在大气环境下,因此大气腐蚀是最为常见的金属腐蚀。其腐蚀过程主要以电化学为主,但这种电化学腐蚀又有别于金属浸在电解液中所发生的腐蚀。

大气环境中的腐蚀介质主要有水(H_2O)、氧气(O_2)、二氧化碳(CO_2)等,其中氧气浓度一般稳定在23％左右,湿度受日照、气候等因素影响波动较大,湿度为影响大气腐蚀的重要因素之一。《大气环境腐蚀性分类》GB/T 15957—1995中根据湿度范围,将大气环境分为干燥型(年平均相对湿度 RH＜60％)、普通型(年平均相对湿度 RH 为 60％～75％)、潮湿型(年平均相对湿度 RH＞75％)。

通过金属表面状态,大气腐蚀还可分为干腐蚀、潮腐蚀和湿腐蚀。

(1) 干腐蚀。当空气湿度较低或者干燥时,金属表面无法形成水膜,此时金属表面的原子与空气中的 O_2、CO_2、SO_2 以及 Cl_2 等非电解质中的氧化剂直接发生氧化还原反应,形成腐蚀产物。部分金属如不锈钢、钛等生成的腐蚀产物具有致密性,可起到一定的保护作用,而其他金属如碳钢等生成的腐蚀产物疏松多孔、附着性差,因而起不到保护作用。一般来说,金属在较为干燥的空气中腐蚀的速率非常慢。

(2) 潮腐蚀。当空气湿度达到某一相对湿度临界值时,金属表面便会发生毛细凝聚、吸附凝聚、化学凝聚三种凝聚反应,使得空气中的水蒸气凝聚在金属表面,并吸收空气中的 $NaCl$、NH_4NO_2 等吸水性化合物,进而形成了一层肉眼看不见的水膜,水膜提供了电解质溶液,促使金属表面发生电化学腐蚀。其中,相对湿度临界值通常与金属表面的清洁度、附着的腐蚀产物、盐类等因素相关。

(3) 湿腐蚀。当空气湿度接近100％时,水膜的厚度肉眼可见,所发生的腐蚀与电解液中的腐蚀完全相同,形成了可持续反应的原电池。环境出现干湿交替以及腐蚀产物可溶都会加速腐蚀的进程,而当水膜厚度增加时,氧的扩散变得困难,反而会导致腐蚀速度下降。

1.1.3　金属锈蚀危害

由于长期暴露于工业大气甚至海洋大气等恶劣环境中,金属类材料往往会滋生不同程度的锈蚀。在工程上,锈蚀会直接引起金属构件断面面积减少、截面应力提高,由此导致构件承载能力、刚度和稳定性下降。金属锈蚀不仅会缩短金属构件的使用寿命,影响设备设施运行稳定性和可靠性,甚至会造成严重的灾难性事故。

目前,金属锈蚀问题已涉及多个行业,对基础设施、生产制造、环境保护、防洪减灾以及交通运输等领域造成显著影响,金属锈蚀的危害具体表现为以下几个方面。

(1) 金属锈蚀会直接导致资源浪费,从而造成经济损失。

随着全球经济的快速发展,钢材使用量也大幅提高,而全球每年因腐蚀报废和损耗的钢铁量约为 2 亿多吨,约占当年钢产量的 10%～20%。美国 Battle 研究所的调查显示,美国在 1975 年因金属锈蚀而造成的经济损失为 825 亿美元,而 1995 年其因金属锈蚀导致的经济损失高达 3000 亿美元,金属锈蚀在 20 年里导致的经济损失翻了 3 倍多,且呈现出逐年递增的趋势。美国腐蚀工程师协会公布 2016 年全球腐蚀成本约为 2.5 万亿美元,占生产总值的 3%～5%。据《中国腐蚀成本》一书中的调查报告可得知,我国 2014 年全年腐蚀成本为 21278.2 亿元,约占国民生产总值的 3.34%。因此金属锈蚀不仅浪费了全球有限的铁资源,而且带来了严重的经济损失。

(2) 金属锈蚀会间接造成设备的失效,从而影响企业的正常运转。

金属锈蚀后会引发材料性能的退化,从而导致设备设施无法正常运行,严重的甚至会对企业的生产计划、社会信誉产生不良影响。例如湖北省内某 220 kV 变电站变电设备接地网由于受土壤的酸碱性和侵蚀性离子的长期影响,产生了严重腐蚀,在运行时发生接地不良现象,造成弧光短路,从而导致变电站内部分重要设备设施严重损坏,最终直接影响了该变电站的正常运行。牡丹江发电二厂热力管网在投入运行两年后,其波纹管补偿器出现外腐蚀穿孔,导致热水管道出现泄漏,严重影响了发电厂的正常生产运作。德国汉堡 Kohlbrand Estuary 大桥的斜拉索在竣工第三年后就发生了严重腐蚀,为此耗费四倍于原造价的资金进行更换,且在检修维护期间对交通造成较大影响。因此,金属结构的锈蚀损坏轻则降低设备的使用寿命和运行稳定性,重则导致企业耗材、耗力甚至关停。

（3）金属锈蚀会造成事故和污染，从而影响人民的生命安全和生活质量。

部分金属设备设施由于其特殊性和重要性，产生锈蚀后造成的"跑、冒、滴、漏"会使得有毒气体、液体、核放射性物质外泄，严重危及人民的生命安全和生活质量。山东某电镀企业由于排污管道未进行防腐处理发生严重锈蚀，导致大量的铬金属泄漏并渗透到地下，对当地地下水造成污染，致使多人铬中毒，造成了严重的社会影响和经济损失。2013 年中国石化公司的原油输送管道由于严重腐蚀造成管道破裂以致原油泄漏，泄漏的原油流进市政府下水道内部发生爆炸，共导致 136 人受伤，62 人死亡，造成的直接经济损失高达 7 亿元。渤海八号位于浪溅区的平台桩腿使用 20 年后锈蚀深度达到了 6.2mm。同时我国因锈蚀恶化而进行更新改造的闸门比例高达 90%，由此可见金属锈蚀对海洋平台、水利工程等国家重大工程及设备造成了巨大影响。

综上所述，金属锈蚀造成的危害上至国家、下至企业和个人，不仅会带来经济损失，而且会对人民生命安全和生活质量造成较大影响，因此金属锈蚀问题亟待解决，应当引起社会各界的持续关注。

1.2　金属锈蚀原理

金属锈蚀加剧了金属结构性能退化，导致金属结构的使用性能降低，严重时甚至会造成金属结构完全被破坏。金属锈蚀依据其作用机理主要分为以下两种情况：一是化学锈蚀，二是电化学锈蚀。

化学锈蚀是由金属和其他物质在单纯的化学作用下产生的锈蚀。如钢铁和干燥气体（如 O_2、SO_2 等）在高温（$500\sim1000\ ℃$）下就容易产生化学反应，在钢铁表面上生成一层氧化皮（由 FeO、Fe_2O_3 和 Fe_3O_4 组成），这就属于化学腐蚀。当钢铁在高温下发生化学锈蚀后，在钢铁表面会形成一层致密的膜层，之后由于膜层的阻碍，致使锈蚀的发展过程变得非常缓慢。实际的工程中，干燥高温条件并不多见，因此这类化学锈蚀也不多见。

人们经常可以看到，金属制品在潮湿大气中容易生锈，这是由于金属与周围的水汽接触时，在金属表面会形成一种电解质液体膜层，锈蚀就在液体膜层中发生，由于液体膜层中存在电解质，金属与电解质结合形成了许多微小原电池，进而引起了锈蚀。这种因金属与所接触的介质水发生电化学反应而导致的锈蚀属于电化学锈蚀。

电化学锈蚀比化学锈蚀更普遍，危害性也更大。金属在潮湿空气中的锈蚀，在酸、碱、盐溶液或受污染的水体或海水中发生的锈蚀，在地下土壤中的锈蚀，以及在与其他金属接触处的锈蚀等，均属于电化学锈蚀。下面简要介绍电化学锈蚀的基本原理。

1.2.1 电化学锈蚀

金属锈蚀以电化学腐蚀为主。当金属暴露在潮湿的大气中时，由于其表面对大气中的水分有吸附作用，在金属表面便形成了一层很薄的湿气层——水膜，当这层水膜达到一定厚度（20～30 分子层）时，就形成了电化学腐蚀所必备的电解质溶液。水的电离度虽小，但仍可电离成 H^+ 和 OH^-，铁和铁中的杂质就好像浸泡在含有 H^+、OH^- 等离子的溶液中一样，形成了腐蚀原电池。这里，铁为阳极，杂质为阴极。由于铁与杂质直接接触，等于导线连接两极形成通路。

任何以电化学机理进行的腐蚀反应至少包含有一个使金属化合价升高的阳极反应（即氧化反应）和一个使某一物质中的元素化合价降低的阴极反应（即还原反应），并且流过金属内部的电子和介质中的离子形成回路，如此方能形成原电池。其中，金属在阳极区产生的氧化反应导致其不断失去电子，从而使得金属遭到破坏，宏观上表现为锈蚀。腐蚀体系中进行的氧化还原反应的化学能全部以热能的形式散失，通常将这种导致金属材料破坏的原电池统称为腐蚀原电池。电化学腐蚀分为析氢腐蚀和吸氧腐蚀。

（1）析氢腐蚀。

以钢铁为例，析氢腐蚀是因为钢铁表面的水膜呈酸性，反应过程中有氢气析出，该过程的示意如图 1-1 所示。

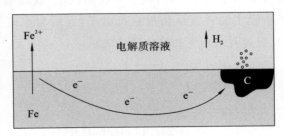

图 1-1 析氢腐蚀

在阳极，铁失去电子形成 Fe^{2+} 离子进入水膜中，并且与水膜中的阴离子结合成复杂的铁盐。在阴极，杂质本身不易失去电子，只起传递电子的作用，而水膜中的 H^+ 离子就从阴极获得电子形成 H_2 放出。其阴极和阳极的反应过程可用下面的化学式表示：

$$阳极反应：Fe \longrightarrow Fe^{2+} + 2e^-，$$

$$阴极反应：2H^+ + 2e^- \longrightarrow H_2 \uparrow。$$

整个过程合并在一起得到：

$$Fe + 2H^+ = Fe^{2+} + H_2 \uparrow。$$

进一步，二价铁离子在空气中被氧化成为三价铁离子，并随着溶液 pH 值的上升，转变为 $Fe(OH)_3$，并最终成为铁锈：

$$Fe^{2+} \xrightarrow{\text{空气氧化}} Fe^{3+} \xrightarrow{\text{溶液 pH 值上升}} Fe(OH)_3 \longrightarrow Fe_2O_3 \cdot xH_2O（铁锈）。$$

上述腐蚀过程中有氢气放出，所以叫作析氢腐蚀。析氢腐蚀主要是在酸性较强的介质环境中发生的。

（2）吸氧腐蚀。

吸氧腐蚀是因为钢铁表面的水膜中溶有氧气，氧气被还原成 OH^-，该过程的示意如图 1-2 所示。

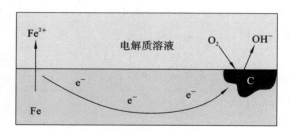

图 1-2　吸氧腐蚀

在阳极上，还是铁被氧化成 Fe^{2+} 离子。在阴极上，获得电子的不是 H^+ 离子，主要是溶解于水膜中的氧气从阴极获得电子，而后与水结合成 OH^- 离子。其阴极和阳极的反应过程可用下面的化学式表示：

$$阳极反应：Fe \longrightarrow Fe^{2+} + 2e^-，$$

$$阴极反应：O_2 + 2H_2O + 4e^- \longrightarrow 4OH^-。$$

整个过程合并在一起得到：

$$2Fe + O_2 + 2H_2O = 2Fe(OH)_2。$$

同样，二价铁离子也将逐渐被氧化成为三价铁离子，最终形成铁锈：

$$Fe(OH)_2 \xrightarrow{O_2 + 2H_2O} Fe(OH)_3 \longrightarrow Fe_2O_3 \cdot xH_2O（铁锈）。$$

吸氧腐蚀中，氧气的还原反应可以在正的多电位下进行，因此吸氧腐蚀比析氢腐蚀更为普遍。金属在土壤、海水、大气中所发生的腐蚀通常都是吸氧腐蚀。

无论是吸氧腐蚀还是析氢腐蚀,在阳极区总是发生金属氧化反应,金属离子溶入水膜中,而电子留在阳极区,由于阳极区与阴极区彼此接触,电子在腐蚀电场力作用下,便从阳极移向阴极,在阴极区通过可被还原的物质(如氢离子、氧气等)源源不断地吸收电子,使得腐蚀原电池能够持续发生电化学反应。

化学腐蚀和电化学腐蚀本质上并没有区别,都是金属原子失去电子变成离子的氧化过程。化学腐蚀是金属与周围介质直接进行的化学反应,而电化学腐蚀则是在腐蚀过程中形成了微小原电池形式的电化学反应。

1.2.2　金属锈蚀的主要影响因素

金属锈蚀主要受金属件自身所在环境影响,如湿度、温度、污染物等,另外金属件的锈蚀程度和快慢也受制于金属材质、金属结构形式以及运维人员的管理水平等。

湿度因素:当金属件周围空气的含水量较大时,潮湿的空气更易沉积在工件表面形成水膜,更利于工件产生锈蚀。

温度因素:金属件所处的环境温度也会影响金属锈蚀的锈蚀速度,在温度变化剧烈的环境中,金属件表面极易形成凝露,进而加大锈蚀速度。在环境湿度比较大的地方,伴随着温度升高,锈蚀也会增速。

污染物因素:当金属件处于受污染的水体时更易在这类水体中产生电化学反应,当金属件处于含有硫化物的污染大气时,二氧化硫会大大降低金属构件产生锈蚀的临界湿度,进而降低金属产生锈蚀的条件。

金属构件自身因素:不同金属的活性不一样,有些金属极易生锈,有些金属不易生锈,另外当工件同外界环境接触面较为粗糙或结构造型复杂时,更易在金属构件表面形成水膜层,从而致使金属制品发生锈蚀。

根据金属腐蚀的机理可知,电解质溶液以及腐蚀性介质是发生氧化还原反应的必要条件,因此与以上必要条件相关的因素都可对锈蚀生长产生影响。例如水工金属结构在干湿交替水域环境中的腐蚀,可简要归纳为气候因素和地理因素。其中气候因素包括影响水膜形成的相对湿度、影响液膜中离子迁移和氧扩散速度的气温、影响腐蚀总量的表面湿润时间、影响腐蚀性物质吸附能力的降尘颗粒物、影响污染物传播的风向以及影响液膜干湿交替频率的风速等,这些都会加快或减缓锈蚀进程。此外金属材料所处的地理环境决定了其接触的腐蚀性介质的类型,如在工业大气环境中,工业废气排放较多,因此硫化物和氯化物的含量要比农村大气环境中高出许多,从而导致工业大气环境下所发生的锈蚀比农村大气环境下严重得多。

又如一些水工金属设备,其体型庞大,运行工况复杂,有些构件常年处于干湿交替状态下;有些构件则常年经受高、中速含泥沙水流的冲磨等,这就造成了各类构件的锈蚀进度不同,给维护与检修带来了困难,因此需要分析锈蚀发生的主要影响因素(图1-3)。实践证明处于干湿交替状态下的金属最容易发生锈蚀,因为其受到空气与水的交替撞击作用,波浪起伏使得空气中的氧气不断地扩散到水中,氧分子溶于水中,并持续不断地产生去极化作用,从而导致金属表面更易形成溶解氧的浓差电池而造成局部腐蚀,具体表现为坑点腐蚀形态。

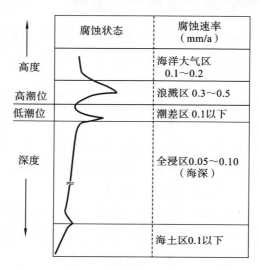

图1-3 海洋工程中金属结构不同位置的腐蚀状态

总体上讲,金属件的锈蚀与其自身所在环境直接相关,同时,在一定程度上金属件的锈蚀程度和快慢也受制于金属类别、金属结构形式以及运维人员的管理水平等。为了减少锈蚀,需要对金属锈蚀的影响因素进行综合分析,因为只有全面地分析服役环境中可能诱发锈蚀的因素,才能合理地指导金属结构的设计、装配以及后期的检修和维护工作,寻找有效的防锈和抗锈方法,延长设备的使用寿命,保证生产工作安全有序地进行。

在防止金属生锈方面,一方面可以合理设计产品结构,避免形成易于产生锈蚀的环境条件,另一方面可以采取防护措施阻断金属与引发锈蚀的介质发生电化学反应,下面列举部分工程应用中常采用的防锈措施。

(1)提高金属材料自身的抗蚀性能。提高金属材料自身的抗蚀性能是防锈的基本方法,有些金属材料本身的抗锈性能很强,有些金属材料比较活泼,容易与其他介质发生反应滋生锈蚀。通常,在环境条件相同的情况下,合金钢的抗锈蚀性能远大于普通钢材,比如含有 1% 钒的钒钢,其耐大气和耐海水腐蚀的性能比普通钢材好得多;含铬 14% ～ 18% 的不锈钢,能耐硝酸腐蚀,其通常用来制造化学介质管道和反应釜;含镍 3.5% 的镍钢,具有较高的抗蚀性,其质地坚硬、富有弹性,常用于制造海底电缆等。另外,采用热处理、金属表面渗氮等方法也可以提高金属材料的抗蚀性能。

(2)金属表面涂抹防护涂层。防护涂层覆盖在金属表面可以阻断金属基体与促进腐蚀的外界环境(如水分、氧气等)接触。根据防护涂层的性质,可以分为永久性防护涂层和暂时性防护涂层两类。永久性防护涂层包括金属喷镀、电镀、涂漆等;暂时性防护涂层包括防锈油、防锈脂、防锈水等。永久性防护涂层的防锈周期比较长,但并不是所有的金属制品都适合采用永久性防护涂层,比如机床的导轨面、齿轮等,因为其本身的特质属性,只能采用暂时性防护涂层。

(3)控制金属制品所处的锈蚀环境。通常将金属制品所处环境的湿度控制在 35% 以内,则金属制品不易生锈。有些金属制品,为了防止其生锈,也可以预先放置在密封的容器内,并充入干燥空气。对于加工厂房内的金属制品,通过设置恒温恒湿的内部环境,可以防止产品在工序间及装配过程中生锈。碳钢在不同贮存条件下的腐蚀深度如图 1-4 所示。

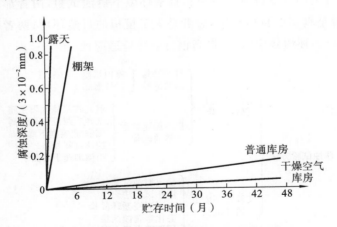

图 1-4　碳钢在不同贮存条件下的腐蚀深度

(4)采用电化学方法防锈。从电化学反应的原理可知,电化学腐蚀总是在阳极区域进行,阴极材料受到保护。如果能选择一些活泼金属(如锌板、铝片等)作为阳极,安装在被保护的基体金属上,这样活泼金属作为阳极发生电化学腐蚀,而基体金属便可以得到保护。所选取的阳极材料需要均匀分布于基体金属表面,并且占被保护的基体金属表面积的比例通常为 $1\%\sim5\%$。也可以通过外加直流电源的方式在阳极持续输送电子,这种方法常用在水工金属结构的防锈上。

尽管采用了各种方法防止锈蚀,但依然无法完全阻止锈蚀的发生和发展。一方面,由于滋生锈蚀的主要影响因素增强,超出了所采取的防锈措施的保护能力范围;另一方面,所采取的防锈措施也并非绝对可靠,比如防锈油脂在使用过程中变质、防锈涂层在使用过程中破损等。因此,需要采用先进的锈蚀检测方法,经常观察、检查金属材料的锈蚀程度并及时采用修复策略,防止锈蚀现象无止境地滋生增长。

当然,金属锈蚀在给人们带来巨大危害的同时,也给人们带来了一些可供利用的方向,比如干电池的制造、印刷电路板的腐蚀加工等,因此要对金属锈蚀现象有客观、全面的认识。

1.3 钢材表面锈蚀试验

近年来,研究者通过建立不同的锈蚀试验来研究钢材表面锈蚀的机理及特征,并在此基础上进行锈蚀检测和修复。钢材表面的锈蚀试验按照试验环境不同可以分为自然环境下锈蚀试验和实验室环境下锈蚀试验,两者都基于自然环境条件,前者是真实的自然环境,后者是人工模拟的自然环境;两者的试验目的都是探寻钢材的环境效应因素,提高钢材的环境适应性(图 1-5)。

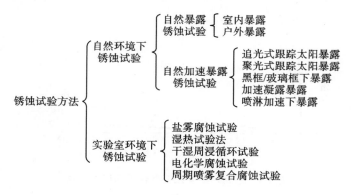

图 1-5 钢材表面的锈蚀试验分类

1.3.1　自然环境下钢材表面锈蚀试验

自然环境下钢材表面锈蚀试验是在典型或者极端自然环境条件下,对钢材的材质、工艺、构件等进行的环境适应性试验与研究。按试验方法可分为自然暴露试验和自然加速暴露试验。

（1）自然暴露试验。

自然暴露试验是研究大气腐蚀最原始的试验方法,它能最真实地接近钢材的实际使用环境,包括室内暴露和户外暴露。

户外暴露试验时,试样直接静置暴露在户外自然大气环境,其朝向通常根据场地的实际情况和试验目的而定,如迎着太阳暴露、迎着海洋暴露、迎风暴露等。在暴露角方面也有讲究,可以选用任意角度暴露,也可以根据当地的纬度角度暴露。

室内暴露试验主要考察钢材在室内储存条件下的耐蚀性能,分析钢材表面防护层和防锈包装的寿命及可靠性,包括半封闭暴露和全封闭暴露。

（2）自然加速暴露试验。

受制于自然环境因素,钢材的自然暴露试验周期很长,尤其是在某些干燥环境下,锈蚀进展极其缓慢,短期内无法分析其锈蚀进度指标。为此,人们尝试在自然暴露试验的基础上人为增加一些条件和装置,使得钢材在特定的自然环境下实现加速锈蚀试验。常用的自然加速暴露试验包括追光式跟踪太阳暴露、聚光式跟踪太阳暴露、黑框下暴露、玻璃框下暴露、加速凝露暴露、喷淋加速下暴露等。不同的自然加速暴露试验如表 1-1 所示。

表 1-1　不同的自然加速暴露试验

试验名称	试验目的	基本原理
追光式跟踪太阳暴露试验	通过充分吸收太阳能量,加速试样的腐蚀速度	通过设计带有转动控制系统的暴露架,将试样放置于暴露架上,通过自动控制使得暴露架及其试样实时跟踪太阳转动
聚光式跟踪太阳暴露试验		在追光式跟踪太阳暴露试验装置上,增加反射镜系统,阳光射到反射板上,经聚光反射到试样表面,进一步增大试样受到的太阳辐射量

续表

试验名称	试验目的	基本原理
黑框下暴露试验	通过充分吸收太阳能量,加速试样的腐蚀速度	在暴露架上进一步增加吸收太阳热量黑框,使热量聚集在试样上
玻璃框下暴露试验	分析环境因素(如酸雨、沙尘等)对锈蚀的作用机制	在暴露架的试样表面,覆盖一层玻璃,使阳光能自由透射,但把雨水和尘埃物质等隔开
加速凝露暴露试验	加速试样的腐蚀速度	白天利用太阳光照射试样,夜间用冷冻机降温,强制试样表面产生凝露
喷淋加速下暴露试验		在暴露架上增加喷水装置,增加试样表面润湿时间,可模拟干湿交替腐蚀

1.3.2 实验室环境下钢材表面锈蚀试验

自然环境下钢材表面锈蚀的试验周期很长,而且往往只能验证特定的区域环境条件。为此,国内外学者在自然环境钢材表面锈蚀试验的基础上,通过在实验室人工模拟自然环境条件并控制影响因素的影响程度,实现了钢材表面的加速锈蚀试验,大大缩短了锈蚀试验周期,同时也可以通过人工控制试验条件实现适用于不同地域环境条件的锈蚀加速试验。

(1)盐雾腐蚀试验。

盐雾腐蚀试验是为了模拟海洋环境,通过空气压缩机把氯化钠溶液喷成细雾状充满盐雾箱空间,强腐蚀的氯化钠盐雾会沉降在箱内的试样表面,起到加速腐蚀试样的作用。常见的盐雾腐蚀试验方法包括中性盐雾试验(NSS 法)、醋酸盐雾试验(ASS 法)和铜盐加速醋酸盐雾试验(CASS 法)3 种。

(2)湿热试验法。

湿热试验法是在高温、高湿条件下使试件表面凝聚水分,强化腐蚀环境,加速试样的腐蚀。有时候为了使水汽更容易在试件上凝结,还采用在试件架内通循环冷却水的方式形成凝露腐蚀环境,以此进一步加速锈蚀。常见的湿热试验法包括恒定湿热试验(温度为 40 ± 20 ℃,相对湿度为 $95\%\pm3\%$)和交变湿热试验(高温为 $40\pm20℃$,低温为 30 ± 2 ℃,相对湿度为 $95\%\pm3\%$)两种。

(3)干湿周浸循环试验。

干湿周浸循环试验是将试件周期性地浸入不同的腐蚀溶液中,如蒸馏水、氯化钠溶液,浸润一段时间后取出试件,烘干放置一段时间后再次浸入溶液,如此周而复始,使得试件始终处于干湿交替状态,模拟金属材料在雨淋日照或水域浸泡的真实环境条件,重现金属表面经历的浸润—潮湿—干燥腐蚀条件。此方法尤其适合模拟水工金属结构在水域环境下的腐蚀。

(4)电化学腐蚀试验。

电化学腐蚀试验是将试件浸泡在3%~5%氯化钠溶液中,通过导线将试件与恒定直流电源的阳极相接,将恒定直流电源的阴极与氯化钠溶液中的另一种金属相接,形成近似腐蚀性原电池的电路回路,由此引发氧化还原反应(金属试件失去电子被氧化,介质中的物质从金属表面得到电子被还原)。当水工金属结构浸泡在受污染的水体环境中时,极易发生电化学腐蚀。

(5)周期喷雾复合腐蚀试验。

各种单一的盐雾腐蚀试验对各类试件的腐蚀模拟并不是很客观,自然环境条件下,试样上由雨、雾等形成的液膜有一个由厚变薄、由湿变干的周期性循环过程。为了能较真实地再现自然环境、模拟金属材料在自然环境中的腐蚀情况,人们在单一的盐雾腐蚀试验基础之上进行改进,形成了周期喷雾复合腐蚀试验。周期喷雾复合腐蚀试验通常包括盐雾试验阶段、潮湿试验阶段、干燥试验阶段。盐雾试验阶段可使用氯化钠或其他电解液来模拟酸雨或其他工业腐蚀环境;潮湿试验阶段要求相对湿度达到95%;干燥试验阶段要求相对湿度不大于30%。通过模拟盐雾、干燥、湿润、低温等复合环境来对试验样品进行腐蚀,复合盐雾腐蚀试验箱还可以自主调控盐雾的沉降量和喷洒量。

目前的盐雾腐蚀试验箱几乎都能完成周期喷雾复合腐蚀试验,如美国 Q-PANEL 制造的 Q-FOG 循环腐蚀试验箱、上海宝试检测设备有限公司生产的 BS90C 盐雾腐蚀试验箱。

1.3.3　周期喷雾复合腐蚀试验案例

周期喷雾盐雾腐蚀试验是目前应用较为广泛的复合腐蚀试验之一。《人造气氛腐蚀试验 盐雾试验》GB/T 10125—2021/ISO 9227:2017 规定了中性盐雾(NSS)、乙酸盐雾(AASS)和铜加速乙酸盐雾(CASS)的试验方法。中性盐雾试验(50±5 g/L 氯化钠溶液,pH 6.5~7.2)适用于金属及其合金、金属覆盖层、转化膜、阳极氧化膜、金属基体上的有机涂层等。乙酸盐雾(50±5 g/L 氯化钠溶液,乙酸调 pH 3.1~3.3)和铜加速乙酸盐雾(50±5 g/L 氯化钠溶液,0.26±

0.02 g/L CuCl$_2$·2H$_2$O,乙酸调 pH3.1～3.3)试验适用于"铜＋镍＋铬"或"镍＋铬"装饰性镀层,也适用于铝的阳极氧化膜。

现在的周期喷雾盐雾腐蚀试验可以更真实地模拟自然环境的复合腐蚀过程,有的试验在周期性的盐雾喷射后还带有干燥过程。《金属和合金的腐蚀 人造大气中的腐蚀暴露于间歇喷洒盐溶液和潮湿循环受控条件下的加速腐蚀试验》GB/T 20853—2007/ISO 16701:2003 和《金属和合金的腐蚀 循环暴露在盐雾、"干"和"湿"条件下的加速试验》GB/T 20854—2007/ISO 14993:2001 分别规定了不同的干湿循环盐雾试验方法,在中性盐雾试验的基础上增加了干湿循环步骤。

在水电工程行业,常见的水工金属结构包括水工钢闸门、启闭机、拦污栅、压力钢管等,为了提前了解水工金属结构在干湿交替水环境下的性能劣化趋势,通常对水工金属结构所用金属材料进行周期喷雾复合腐蚀试验。在此,笔者利用上海宝试检测设备有限公司生产的 BS90C 盐雾腐蚀试验箱,以水工金属结构的常用金属材料 Q235 碳钢作为试验材料,对其进行周期喷雾复合腐蚀试验。Q235 碳钢的主要成分如表 1-2 所示,盐雾锈蚀平台如图 1-6 所示。

表 1-2　Q235 碳钢的主要成分

型号	各元素成分含量/(wt%)					
	C	Si	Mn	P	S	Fe
Q235	0.17	0.22	0.45	0.03	0.008	余量

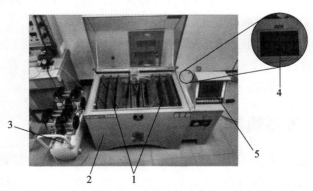

1—钢板；2—盐雾试验箱；3—空气压缩机；4—盐水箱（存储5%氯化钠溶液）；5—触摸屏控制器

图 1-6　盐雾锈蚀平台

试验开始前,将待测钢板试样摆放到盐雾试验箱中,在盐水箱中补充预先配置好的氯化钠溶液,通过试验箱的触摸屏控制器设定好环境参数,通过触摸屏控制器控制各个执行装置。试验开始后,关闭盐雾试验箱的空间环境罩,将外部环境与盐雾试验箱内部工作环境隔开,开始执行钢板试样表面加速锈蚀试验。在达到预设的试验时长后依次将钢板试样从盐雾试验箱中取出放置于干燥位置进行烘干处理,也可以自然烘干。盐雾箱试验参数设置界面如图1-7所示。

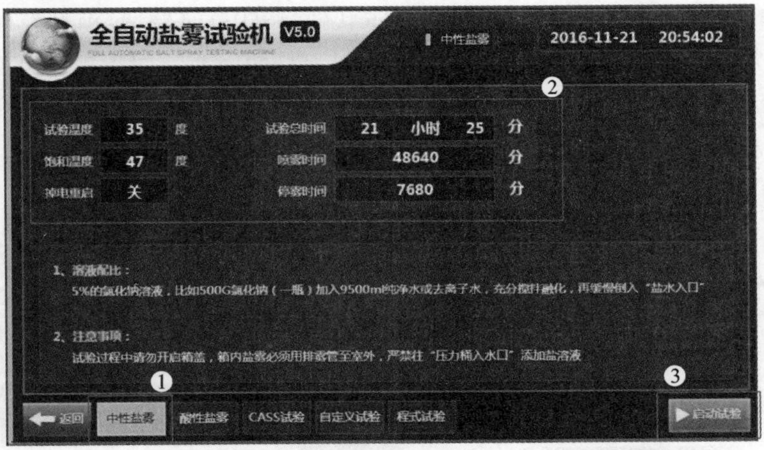

1—设置盐雾试验类型;2—设置盐雾试验参数;3—启动盐雾试验

图1-7 盐雾箱试验参数设置界面

为了解试样在不同时间阶段的锈蚀形态,对试样进行烘干处理后,可以通过工业相机对试样进行拍照,也可以通过万能拉压力试验机来测试试样的力学性能。随后,再次将试样放入试验箱体置物架上,如此周而复始,直到钢板试样达到最大锈蚀程度后视为完成试验。试验完毕之后要对盐雾试验箱内的所有装置进行清洗,尤其是防止喷雾塔和喷嘴等因为盐雾结晶而堵塞。

以中性盐雾试验(NSS)为例,根据《人造气氛腐蚀试验 盐雾试验》GB/T 10125—2021/ISO 9227:2017要求,试验溶液为5%质量分数的氯化钠溶液。向容器内倒入9500 mL纯净水,再倒入500 g纯氯化钠,搅拌至完全融化,则此时的盐水浓度比为5%。将配置好的氯化钠溶液倒入盐雾箱后侧的盐水箱中,为喷雾提供水源。

参照《人造气氛腐蚀试验 盐雾试验》GB/T 10125—2021/ISO 9227:2017中的要求来设置盐雾环境参数。在本案例的中性盐雾试验(NSS)中,试验箱内部的温度设置为35 ℃,饱和桶中的温度设置为47 ℃,持续试验时长设置为12 h,采用循环式交替喷雾方法,持续喷雾60 min,停止喷雾60 min,如此交替。

根据《涂覆涂料前钢材表面处理 表面清洁度的目视评定 第1部分:未涂覆过的钢材表面和全面清除原有涂层后的钢材表面的锈蚀等级和处理等级》

GB/T 8923.1—2011/ISO 8501-1:2007（后简称"国家标准 GB/T 8923.1—2011"）中的规定，将钢材表面锈蚀程度划分为了 A、B、C、D 四个等级：①A 级锈蚀：钢材表面大面积覆盖着氧化皮，几乎没有锈；②B 级锈蚀：钢材表面开始生锈，氧化皮脱落；③C 级锈蚀：钢材表面氧化皮已经因为锈蚀而脱落或者可以被刮掉，但是正常目测下只能看到少量的点状锈斑；④D 级锈蚀：钢材表面氧化皮已经因为锈蚀而脱落，正常目测下可以看到大量的锈斑。图 1-8 展示了通过盐雾锈蚀试验得到的不同时间阶段试样表面形貌图像与国家标准 GB/T 8923.1—2011 中样图（后简称"国标样图"）的切片对比情况。从对比情况可以看出，试验所得图片与国标样图是比较吻合的。

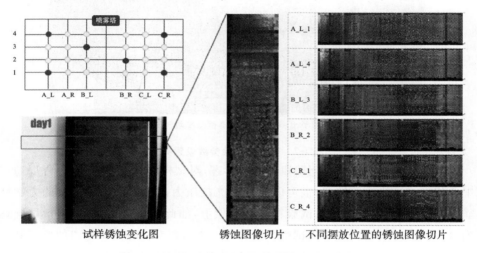

图 1-8　不同时间阶段试样表面形貌图像切片对比

1.4　本 章 小 结

本章从金属锈蚀的定义出发，分析了金属锈蚀的产生机理；阐述了金属锈蚀的危害和金属锈蚀检测的重要意义；归纳了室内加速腐蚀试验常见试验方法，其中"润湿-干燥"循环式腐蚀试验可以使锈蚀结果更接近于真实环境。随后以水工金属材料 Q235 钢板的盐雾锈蚀试验为案例，介绍了上海宝试检测设备有限公司的盐雾锈蚀试验平台以及循环式盐雾试验的具体实施方案。经过持续跟踪拍摄，获取了 Q235 钢板试样从无锈蚀到严重锈蚀整个过程的全部形貌图像，对比国标样图定性分析了锈蚀的生长规律和锈蚀图像质量。

第 2 章　锈蚀形态及锈蚀检测技术

锈蚀不仅会导致金属结构的截面减少、强度降低，而且锈蚀物质体积膨胀会使金属结构产生裂纹、变形等其他损伤，因此，必须研究锈蚀的检测方法，获取锈蚀的形态信息，为金属结构使用状态的评价提供可靠依据。

锈蚀检测主要是测量金属锈蚀量的多少，通常采用锈蚀面积和锈蚀等级来表示。目前，关于锈蚀缺陷的检测一般还是以人工巡检为主，这样不仅会耗费大量的人力资源，而且在环境复杂、空间狭小的地方开展检测工作极为不便。

金属结构表面的锈蚀缺陷通常表现为锈蚀区域大小不一，且以面积很小的局部锈蚀为主。实际工程应用中，借助实验室的大型先进实验设备进行锈蚀检测并不现实，各工业企业亟须借助移动计算设备，快速高效地实现端到端的锈蚀目标检测。

基于锈蚀缺陷的形成机理，研究锈蚀检测信号的特性，分析锈蚀损伤情况，用数学物理方法研究锈蚀缺陷的特殊属性。通过金属结构锈蚀缺陷信号的解析，发现在不同检测条件下，基于视觉图像的检测方式具有很好的锈蚀判别和检测能力，可以准确判别金属结构锈蚀的等级和位置，而且不受检测噪声和其他缺陷的影响。在如今"大数据"的背景下，产生了更多智能、安全、高效的锈蚀缺陷检测方式，如机器人巡检、无人机巡检等，它们实质上也是机器视觉检测的具体应用。

本章首先介绍金属锈蚀的常见锈蚀形态和锈蚀特征，在此基础上，介绍传统锈蚀检测的常规方法，最后客观地说明通过视觉图像实现锈蚀检测的可行性及优势。

2.1　锈蚀形态与特征

2.1.1　锈蚀形态

金属锈蚀按照锈蚀占比通常可以分为全面锈蚀和局部锈蚀，全面锈蚀是指锈蚀发生在金属完整表面或大部分面积，局部锈蚀是指发生在金属表面局部的锈蚀。实际上，局部锈蚀更容易被人们忽略，所以局部锈蚀所造成的事故更加突然,损失更加严重。在此,重点介绍几种常见的局部锈蚀形态。

（1）晶间锈蚀。

金属组织结构不均匀、某些杂质原子在晶粒边界处的聚集、晶粒和晶界的应力状态不同、某些新的阳极出现于晶体组织之中等因素都可能引起金属发生晶间锈蚀。晶间锈蚀通常沿着晶界边缘向金属深部发展,在金属外表面看不到明显的锈蚀痕迹,但实际上自锈蚀发生时就已经开始破坏金属内部的晶体结构,降低金属本身的机械性能。

（2）小孔锈蚀。

该类锈蚀常在材料表面部分特殊的点产生蚀孔,当蚀孔形成后,锈蚀迅速向金属的深部发展,严重时甚至可以贯穿整个金属材料。通常在表面容易钝化的金属上容易发生小孔锈蚀,属于尺寸较小的局部锈蚀形态。

（3）缝隙锈蚀。

当金属结构或金属表面存在狭小缝隙时,电化学腐蚀介质沿着缝隙流入并长期集聚在缝隙内部,由此形成腐蚀条件。缝隙锈蚀通常会在缝隙内部形成坑槽或者深孔,不易检测。

（4）斑点锈蚀。

斑点锈蚀是在金属表面的某一处或者某几处形成的不均匀麻点,点与点之间互不相连。

以上是常见的几种锈蚀形态,然而并不是在特定金属材料上会出现特定的锈蚀形态,更多的情况是多种锈蚀形态同时存在。除此之外,按照腐蚀环境应力不同,锈蚀又可分为应力锈蚀、磨损锈蚀、疲劳锈蚀等。

2.1.2 常用金属的锈蚀特征

不同金属的锈蚀特征取决于金属的种类和所处的环境,一般都表现为有锈蚀的孔穴、颜色或光泽的改变,轻微锈蚀的金属表面会呈现不规则的粗糙不平并失去金属本身的光泽特征,严重锈蚀常表现为有锈蚀产物堆积、膨胀,直至剥落而脱离金属本体,常用金属的锈蚀特征如表 2-1 所示。

表 2-1 常用金属的锈蚀特征

金属材料	锈蚀主要成分及颜色	锈蚀特征
钢和铸铁	$Fe(OH)_3$:棕色或红褐色 Fe_2O_3:红色、褐色或黑色	锈蚀发生的初期阶段,金属表面呈现暗灰色;进一步发展变成一片一片的褐色、黄褐色和棕色的疤痕;严重锈蚀阶段出现剥落

续表

金属材料	锈蚀主要成分及颜色	锈蚀特征
铝合金	$Al(OH)_3$：白色 Al_2O_3：白色	锈蚀发生的初期阶段，锈蚀呈现白色或者灰色的斑点，有时呈现白色粉末；后期阶段出现灰白色锈蚀产物，甚至出现锈坑、麻孔
铜合金	CuO：黑色 Cu_2O：棕红色 $Cu(OH)_2CO_3$：绿色 CuS：黑色	锈蚀多呈现棕红色，在水蒸气和二氧化碳作用下锈蚀呈现绿色，在硫化物污染下，锈蚀呈现黑色。除去锈蚀产物后，底部一般有麻坑
镁合金	$Mg(OH)_2$：白色 $MgCO_3$：白色 MgO：白色	锈蚀初期呈现白色斑点，锈蚀发展后出现灰白色粉末，进一步发展会形成孔穴，除去锈蚀产物后，底部有黑坑。其锈蚀特征与铝合金的锈蚀特征外观类似

从表 2-1 分析可以看出，在锈蚀发展的不同阶段，锈蚀也会呈现不同的形态和颜色特征。在锈蚀的初期阶段，锈蚀产物往往与材料本身的缺陷或加工缺陷等难以区分。在锈蚀发展的后期阶段，锈蚀产物在颜色、光泽、形态方面都有一些共同特征，如在锈蚀中心和边缘呈现与金属本体不同的颜色和色泽，当锈蚀产物堆积后，又会留下粗糙的斑点或蚀坑。

2.2　传统锈蚀检测技术

近年来，研究者通过建立不同的锈蚀试验来研究金属材料的锈蚀机理及锈蚀特征，在此基础上，研究者也开始了锈蚀检测研究。在锈蚀检测方面，研究者还利用了信息技术领域的新成果和新技术。传统的锈蚀检测方法按其检测原理可分为三个大类：物理检测方法、电化学检测方法和无损检测方法。

2.2.1　物理检测方法

物理检测方法主要是在受锈蚀部位进行取样，通过用肉眼、显微镜以及各类精密测量仪器等，对比分析材料锈蚀前后颜色、重量、厚度等物理特征的变化情况，以此表征锈蚀特征信息从而实现锈蚀检测。常见的金属锈蚀物理检测方法有表观检测法、腐蚀挂片法和失重法等。

表观检测法是指通过肉眼、简单工具和光学仪器检查金属材料的表面,观察锈蚀区域并记录其分布情况、颜色外观以及腐蚀产物等信息,结合检测人员专业知识对金属表面锈蚀情况进行整合分析,是一种定性锈蚀检测方法。表观检测法凭借其简便、直观等优势被广泛应用于工业现场大型设备的定期检查。如采用焊缝检验尺等测量仪器可以检测金属结构及设备的锈蚀深度、锈蚀程度等特征信息;采用深度计可以测定精密器件的局部锈蚀深度及蚀坑深度,从而得到锈蚀特征参数。

腐蚀挂片法是指在待检测设备中放入金属试片,经过一段时间的腐蚀后取出试片,对其进行清洗后通过表观检查并测量质量损失,以此判断待测设备的平均锈蚀速度和锈蚀情况,这种方法在工厂设备腐蚀检测中应用较广。例如有学者采用腐蚀挂片法获取了海底管道的平均锈蚀数据,也有学者采用旋转挂片法获取了碳钢试片在海水中的抗锈性能平均测试数据。

失重法是在清洗干净试件表面的附着物和腐蚀产物后对试件称重,测量试件锈蚀前后的质量变化情况,根据试件质量损失、锈蚀时间、材料锈蚀面积、板材密度等物理量计算试件的腐蚀速率。失重法凭借其简单、经济且准确率高的优势在自然环境下锈蚀试验中广泛应用。如 Robert E. Melches 通过失重法对浸泡在澳大利亚东海岸的大量低碳钢试片进行检测分析,发现试片最初失重量和浸泡时间之间呈非线性关系,当试片的腐蚀产物层开始影响腐蚀速率后,试片失重量与浸泡时间几乎呈线性关系,由此可作为锈蚀检测的一种依据。

采用物理检测方法时,凭借检测人员的检测经验和直观判断,不同检测人员对同一锈蚀区域的检测结果存在差异,甚至相同检测人员对同一锈蚀区域进行多次重复评定后也可能会出现结果并不一致的情况。此外锈蚀形态形成的初期,锈蚀表面形貌特征微弱,锈蚀区域分界不明显、面积不规则,这些特点使得物理检测方法在工程应用上还存在一定的局限性,部分方法甚至会对检测对象造成二次损伤。

2.2.2　电化学检测方法

电化学检测方法是通过检测被测对象在电化学反应下的物理参量,获取金属锈蚀后的物理信息。利用电化学检测信息可以研究金属锈蚀的动力学规律,实现锈蚀特征的定量与半定量评价。常用的金属锈蚀电化学检测方法有线性极化电阻法、电化学阻抗谱法和电化学噪声法等。

线性极化电阻法是对被腐蚀金属施加一个微电压使得工作电极的极化电位

在腐蚀电位附近变化,利用电流-电压图在腐蚀电位附近近似为线性关系的位置求出腐蚀电流,根据腐蚀电流的大小分析锈蚀状况。线性极化电阻法由于响应速度快且对金属表面电化学状态影响较小而被广泛应用于钢筋混凝土中钢筋的锈蚀检测中。例如有学者采用线性极化电阻法测量海水混凝土中钢筋的自腐蚀电位、极化电阻等特征,对比分析了不同种类钢筋的抗腐蚀性能;还有学者采用线性极化电阻法与金相显微镜原位观察相结合的方法对 Q235 碳钢腐蚀过程进行了检测分析。

电化学阻抗谱法是对被腐蚀金属施加正弦波交变扰动信号,测量交流电势与电流信号的比值随正弦波频率变化的情况,由此得到相应的电化学阻抗谱,通过对电化学阻抗谱进行拟合分析从而检测被测金属的腐蚀状况。电化学阻抗谱法能够在不破坏金属腐蚀体系的情况下检测出表征锈蚀程度的电化学参数,是研究金属腐蚀性能的主要电化学方法。例如 B. W. A. Sherar 等联合电化学阻抗谱技术和线性极化电阻技术对碳钢在中性盐溶液中的长期腐蚀过程进行了研究。

电化学噪声法是测量两电极之间因金属腐蚀而自发产生的电学状态参量(电极电位、外侧电流密度等)的随机非平衡波动现象,通过各类参量的变化反映锈蚀情况。电化学噪声法检测设备简单,适用于各类腐蚀现场的远距离监测。如夏大海等针对 316L 不锈钢片,采用电化学噪声检测技术进行锈蚀特征检测,通过电流噪声的波动反映了工作电极的锈蚀情况;Song S 等开发了基于零阻电流表模块的电化学噪声测试系统和用于现场锈蚀检测的电化学传感器,并对不锈钢钢管表面的锈蚀进行了监测;马超对 Q235B 碳钢的早期锈蚀过程进行了电化学监测。

当被测对象处于高湿度环境中时,电化学特征参量可以很好地反映其腐蚀过程。采用电化学检测方法时,能够在一定程度上反映锈蚀特征,适用于对被测对象的均匀锈蚀和全面锈蚀做整体评估。

2.2.3　无损检测方法

无损检测方法是通过非接触式检测手段获取金属锈蚀导致的参量的微弱变化,通常需要结合信号处理等方面的相关知识。常见的金属锈蚀无损检测方法有超声波检测法、涡流检测法和声发射检测法等。

超声波检测法是利用超声波在金属材料内部响应关系的一种缺陷检测方法,锈蚀金属由于锈蚀产物的干扰导致超声波响应发生改变,因此通过对比锈蚀前后所接收的声波学参数,即可实现对金属结构的锈蚀检测。超声波检测法由于对材料内锈蚀缺陷的检测能力较强、探测速度较快且操作安全,已被广泛用于检测工厂设备内的锈蚀缺陷、腐蚀磨损以及测量输送管道的壁厚。如有学者基于超声波脉冲反射原理实现了石油天然气长输管道内腐蚀缺陷的在线检测,通过融合信号处理提高了锈蚀缺陷定性定量判断的准确性。

涡流检测法是利用交流磁场,使位于磁场中的被测金属物体内部感应出涡流,在锈蚀缺陷处涡流会受到干扰,因此通过测定金属涡流的大小、分布情况以及变化特点就可以检测金属材料的表面缺陷和腐蚀状况。涡流检测法适用于多种黑色金属和有色金属,可用于检测金属的全面腐蚀和局部腐蚀。如高顶等设计了新型涡流传感器及其检测电路,表明采用涡流检测法可以对金属表面锈蚀进行检测;周德强等设计的一套脉冲涡流检测系统能够有效检测出金属表面锈蚀和裂纹等缺陷,通过脉冲涡流差分信号能够判定缺陷深度信息;武新军等针对带包覆层钢管的锈蚀检测问题,依据脉冲涡流检测原理研制出一套脉冲涡流腐蚀检测仪,该设备能够检测出 120 mm 包覆层厚度下 10% 的锈蚀变化,为锈蚀的在线检测提供了一种新的手段。

声发射检测法是利用金属材料在腐蚀过程中会伴随声发射现象的特点,并利用合适的转换器探测腐蚀过程中的各类声波,从而检测出材料中腐蚀损伤和缺陷的发生时间和发展状况的方法。声发射检测法可以实现动态监测,主要应用于设备应力腐蚀开裂的监测。如蒋林林等采用声发射检测法对 4 座储罐金属底板的腐蚀状况进行检测,其检测结果与开罐检测结果具有很好的一致性,因此声发射检测法是一种有效的储罐底板腐蚀检测方法;张瑞等采用声发射检测法监测混凝土中钢筋的锈蚀,并指出通过声发射参数分析能够得到反映钢筋锈蚀状况的特征参数;杜刚基于声发射检测技术研究了 304 不锈钢的锈蚀过程,提出利用声发射信号平均频谱来表征不同锈蚀阶段,其实验结果表明不同锈蚀阶段的声发射特征差异明显。

近年来,随着传感与检测技术的飞速发展,越来越多新的无损检测方法被应用到金属表面锈蚀的检测中。Huang Y 等发现钢绞线的锈蚀与其电感之间存在联系,从而导致锈蚀后共振频率发生变化,因此基于 LC 的电磁谐振电路能够检测出锈蚀速率的变化,为锈蚀的无损检测提供了一种新的思路;Tan C H 等开发了一种通过光纤布拉格光栅无损检测钢筋锈蚀的系统,他在试件中嵌入 FGB 传感器监测锈蚀引起的膨胀应变,并通过观察布拉格波长偏移来反映锈蚀情况,实验结果表明,随着锈蚀速率的增加,锈蚀引起的应变反映出良好的线性响应,能够用于锈蚀特征的检测与提取。

采用无损检测时,多数方法在检测过程很容易受到各种噪声信号的干扰,从而极大地影响检测结果的准确性,金属材料表面一些微小的锈蚀缺陷很难被检测且容易受金属材料表面其他类型缺陷干扰。因此,这些无损检测方法往往存在实验设备复杂、分辨力不足、检测可靠性低、定量困难等局限性。

综上所述,传统的锈蚀检测方法大多是从锈蚀产生前后材料物理特性和化学特性的微小变化出发,结合特定的实验对象构建出能够在一定程度上表征锈蚀特征的参量。

2.3　锈蚀图像检测技术

在数字图像处理技术发展初期,目视检测和物理测量是最普遍的锈蚀检测和评估方法,其中目视检测需要观察材料表面的颜色与状态,腐蚀产物的颜色、形态、附着情况及分布,以确定腐蚀类型。物理测量主要包括腐蚀失重测量、孔蚀深度测量、蚀余厚度测量、腐蚀面积测量等。金属材料的腐蚀外观形貌复杂,尽管目视检测可以快速获取这些腐蚀状态信息,但在量化和评级方面具有很强的主观性,尤其是对于不均匀、不规则腐蚀的定量描述。

随着数字图像处理技术的不断发展,人们开始利用锈蚀图像来获取锈蚀状态特征信息,进而实现相对规范的锈蚀检测与评估。例如 Champion 于 1964 年提出了腐蚀表观形貌检查的标准图谱(图 2-1),供目视检测人员对照参考。在标准图谱中,以蚀点面积(直径)、深度和分布密度作为指标来评价材料腐蚀程度和等级。

2.3.1　锈蚀图像检测的基本流程

金属材料在锈蚀过程中,其表观锈蚀形貌随着锈蚀程度的加深而不断发展变化。锈蚀形貌图像包含着锈蚀颜色、锈蚀纹理、锈蚀形状、锈蚀空间分布等表观信息,人们通过锈蚀图像可以初步得到金属材料的锈蚀状态。当然,因为每个人的工作经验和主观判断不同,所得结论可能也存在差异。

为了更加规范地进行锈蚀图像检测,并将检测人员从繁重的目视检测工作中解放出来,人们开始将机器学习模型引入锈蚀检测应用中,利用机器学习模型实现金属锈蚀的智能检测,由此提高锈蚀检测的客观性及检测效率。通过机器

23

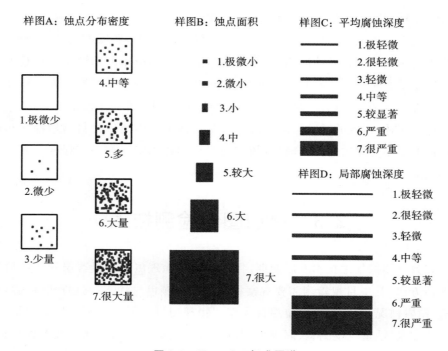

图 2-1　Champion 标准图谱

学习模型进行锈蚀图像检测与评估,需要对锈蚀图像进行前置处理,其处理流程如图 2-2 所示。

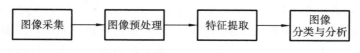

图 2-2　锈蚀图像检测与评估前置处理

　　基于锈蚀图像的锈蚀检测评估要对金属锈蚀表面形貌进行图像采集,在现场环境下,普遍采用经济实用的 CCD 相机进行锈蚀图像采集。目前,随着移动设备拍摄性能的提高,使用手机进行锈蚀实时检测也成为可能。

　　通过图像采集获取的锈蚀图像受光照条件影响存在一定程度的失真,为了从低质图像中充分地提取锈蚀特征信息,需要对锈蚀图像进行预处理,如降噪、提高对比度、改善图像亮度、降低图像失真等。常用的方法包括线性灰度变换法、小波变换法、同态滤波法等。

　　锈蚀图像中金属表面形貌复杂多样,直接通过锈蚀图像中金属表面形貌来获取腐蚀失重率、蚀坑深度、蚀余厚度等物理指标量相对比较困难。通过图像处理方法构建锈蚀图像统计特征指标与锈蚀物理量之间的相关性模型,理论上可以实现通过锈蚀图像统计特征指标来表征锈蚀的相关物理量。基于这一思路，我国学者宋诗哲、翁永基等做了大量的基础性探索研究。

2.3.2　锈蚀图像的常规检测项目

在锈蚀图像特征提取工作中，学者们通过各种图像处理方法，验证了锈蚀图像统计指标与锈蚀物理量之间的相关性，这是锈蚀视觉检测的基础。而如何基于锈蚀图像特征指标，从锈蚀图像中分析并计算出描述锈蚀状态的物理量，确定其定性指标和定量指标，是这些基础理论能够实现工程应用的前提。通过锈蚀图像分析被测对象是否存在锈蚀、定位锈蚀部位、计算锈蚀面积、评测锈蚀严重程度（即锈蚀等级）等，这些都是设备运维人员需要重点关注的检测项目。

（1）锈蚀状态判断。

锈蚀状态判断是指通过锈蚀图像来判断被测对象是否存在锈蚀。传统的锈蚀状态判断是根据锈蚀图像的颜色和纹理，创建图像特征指标，再结合国标样图来进行判断。随着信息技术的发展，人们开始将智能学习模型引入锈蚀状态判断中，通过构建智能学习模型，将采集的锈蚀图像经过处理之后输入给智能学习模型，智能学习模型根据二值化阈值等指标直接判断被测对象是否存在锈蚀。Medeiros 等使用灰度共生矩阵提取锈蚀纹理特征，在 HSI 空间下使用直方图获取统计指标提取锈蚀颜色特征，由此组成锈蚀特征向量，再使用费舍尔线性离散分析（FLDA）进行分类识别，从而判断被测图像中是否存在锈蚀。

（2）锈蚀部位检测。

在具有复杂背景的图像中确定被测对象的锈蚀部位至少需要经历三个主要步骤：①从复杂背景图像中提取出被测对象的表观图像；②在被测对象表观图像上定位锈蚀区域；③通过图像分割方法将不规则锈蚀区域分割出来。如张迪在输电线路典型部件缺陷检测中，首先利用改进的 YOLO V3 算法定位螺栓位置，从而裁剪出目标区域，再通过 HSV 阈值法统计锈蚀区域面积，划分锈蚀等级。

（3）锈蚀面积和锈蚀程度。

在锈蚀等级评估的相关标准中，锈蚀面积和锈蚀程度是确定修复计划的重要指标。锈蚀面积和锈蚀程度都是锈蚀评级的重要依据，一方面可以先计算锈蚀面积后再根据相关标准进行分级，另一方面，也可直接根据锈蚀图像的颜色和纹理特征进行锈蚀程度的判断，当然最科学的方法是将二者结合起来对被测对象进行综合评级。

Blossom 等设计了预训练的 CNN 网络对管道腐蚀图像按未锈蚀、轻微锈蚀、中度锈蚀、重度锈蚀进行分类,当锈蚀等级为中度或者重度时,则进一步使用滑动窗口方法对锈蚀区域进行框选展示。Daniel 等构建了一种用于管道内部锈蚀等级评估的 TCNN 网络,首先使用极坐标将采集到的管道内壁图像展开成矩形,然后裁剪图像块制作数据集,按无锈蚀、中等锈蚀、严重锈蚀进行锈蚀等级预测,实验结果表明,其测试集准确率高达 99.20%。

（4）锈蚀图像检索。

在锈蚀检测评估中,还有一项内容是外观评级,主要考察锈蚀表面变色情况、失光情况等。考虑到这种缺陷图像可形成图像数据库,纪钢等提出锈蚀图像检索的概念,即通过计算实际采集的锈蚀图像与锈蚀外观评级图像数据库中的相似度实现锈蚀外观等级评估。基于这一概念,委福祥等结合欧几里得距离公式和颜色相似矩阵提出了一种镀层表面颜色信息的相似性测度计算方法,其通过设置适当的阈值可实现镀层腐蚀试样外观变色、失光等级的自动判别。在纪钢等人的研究基础上,刘芳芳、张倩又引入了材料腐蚀特征信息数据库管理架构,将锈蚀图像特征按照不同的语义分层存储,用于检索和评级。

2.3.3 锈蚀图像的常用处理方法

锈蚀图像的常用处理方法可以借鉴或引用其他领域的图像处理方法,也可以从锈蚀图像特征出发,针对锈蚀图像构建定制化算法。从锈蚀图像的处理过程可以看出,处于不同的锈蚀阶段所采用的图像处理方法也不尽相同。

（1）锈蚀图像的预处理。

在图像采集环节采集了一系列金属材料锈蚀的表观图像,这些图像承载着不同锈蚀程度下金属材料表观的形貌纹理、灰度以及颜色等特征。然而在工程上,由于空间采集环境的限制,所采集的锈蚀图像或多或少会存在亮度偏低、明暗细节缺失、色彩失真等问题。这种低质量图像会影响后续锈蚀特征检测与评估的精度和可靠性。因此需要对原始的锈蚀图像进行去噪、特征增强等预处理,使原始锈蚀图像中的锈蚀特征进一步凸显,以增强有用信息的可检测性,并消除和抑制锈蚀图像中的无用信息。

最基本的预处理方法是图像去噪和图像特征增强。在图像去噪方面,目前主流的图像去噪方法包括基于硬件的修正方法和基于软件的信号处理方法,这两种方法都有其各自的优势以及缺点,例如基于硬件的修正方法是通过对现有锈蚀图像采集系统的相关结构和入射光源等硬件进行改进,可以在获得原始锈蚀图像之前减少或者消除部分噪声,但是这种方法过于复杂和昂贵,其应用范围也受特定场景限制。基于软件的信号处理方法(如小波变换、概率统计、稀疏表示等)运行速度较快且去噪效果一般较好,但是这些算法需要进一步充分考虑锈蚀图像的相关特性,在去除锈蚀图像散斑噪声的同时也要考虑充分保留锈蚀特征的颜色和纹理等细节信息。

在图像特征增强方面,由于锈蚀图像采集场景的限制,采集的锈蚀图像难免会出现模糊不清、对比度低、光照不均匀、色彩不协调等问题。锈蚀图像特征增强的目的就是有针对性地改善或解决上述问题。最典型的方法有结合小波变换和 ALTM 算法的低质锈蚀图像特征增强方法。首先将三通道 RGB 低质锈蚀图像转换到 HSV 颜色空间;然后分离亮度分量 V,进行小波多尺度自适应系数调整,增强暗部细节,并还原色彩空间至 RGB;最后在 RGB 颜色空间下使用 ALTM 算法对图像亮度进行自适应调整,最终改善低光照场景中锈蚀图像的视觉效果。

(2)锈蚀图像的图像分割。

锈蚀区域检测可以理解为图像前景分割问题,通过图像采集设备获取金属表面的锈蚀图像,结合锈蚀区域的颜色和纹理特征建立像素分类准则,利用图像处理算法提取锈蚀区域特征,进而实现金属构件不规则锈蚀面积的定量计算。如郭建斌等通过对锈蚀图像进行灰度及二值化处理,对水工钢结构表面锈蚀特征及分布状况进行了定量描述;卢树杰等根据锈蚀区域 HSV 空间的颜色特征,并结合单目视差原理对钢结构表面的锈蚀区域进行了检测与分割;Nhat-Duc H 融合机器视觉和数据挖掘方法,从金属表面提取出了锈蚀区域数字特征。

基于数字图像处理的锈蚀分割方法对于理想场景、简单背景、规则构件下的锈蚀图像分割具有一定的适用性。在实际工程应用中,不规则金属构件往往受限于复杂背景干扰、存在遮挡等特殊工作场景,传统数字图像处理方法难以客观准确地获取锈蚀分割特征。

(3)锈蚀图像压缩降维。

通过 CCD 相机采集到的锈蚀图像数据均是高维数据,其过高的计算代价限制了高维数据在实际工程中的应用。当训练样本数小于特征维数时,模型估计的性能也会大大下降。而锈蚀个体之间的差异以及外部环境变化等因素也将导致大量变量的产生,这些变量的存在也使得锈蚀图像中颜色和纹理特征难以被精确描述。因此,需要研究和发展有效的锈蚀图像压缩降维和稀疏表示方法,以提高锈蚀特征提取和分类识别的准确性和鲁棒性。

工程实践中,人们通常构建维数约简方法来实现高维锈蚀数据的约简降维。

针对高维的锈蚀图像数据,基于流形学习的非线性降维方法、基于压缩感知的稀疏表示方法都是可行的研究思路。为此,学者们设计了各种各样的维数约简方法,如主分量分析(PCA)、线性判别分析(LDA)、局部保持投影(LPP)、稀疏保持投影(SPP)等,然而很多经典的维数约简方法都存在着一定的局限性,需要对其改进以提高其应用范围。在维数约简方法的改进过程中,监督、半监督、弱监督等是其主要的改进方向,它能够使传统的约简算法更快速、更有效地学习高维数据的低维特征表示。

(4)锈蚀图像的锈蚀等级评估。

美国材料与试验学会(ASTM)曾提出了评定锈蚀性能并确定喷涂修复计划的相关指南,我国也制定了类似于 ASTM 的锈蚀等级评测标准,其中锈蚀程度是确定修复计划的重要指标因素。当机械结构的锈蚀程度轻微时,对其承载能力、刚度和稳定性影响极小,但当其锈蚀程度严重时,若不及时采取维修加固措施,则会缩短其使用寿命,威胁受损结构周围人员的生命安全。如美国加利福尼亚州 Folsom 坝溢洪道弧形钢闸门,由于闸门锈蚀严重,支臂不能有效承载扭曲弯矩,闸门在关闭时突然发生垮塌;我国江西省某水电站运行 30 多年后发电主闸门因锈蚀严重全部换新。

传统上,目视检测是大型水工机械设备常规的检测方法,专业人员对锈蚀部位进行外观检测,并结合国标样图完成综合测评。然而,实际操作中人们很难近距离接触锈蚀区域并进行目测评估,检测结果具有很强的主观性。近年来,数字图像技术已开始逐渐应用于大型金属结构的锈蚀特征检测,如 Liao 等研究了非均匀光照条件下铁桥表面锈蚀区域检测,使用灰度变异系数和 HSI 空间下的色相分量作为检测时分组处理的判断依据;宋伟等结合直方图均衡化、形态学处理和 RGB 彩色空间建立了基于图像处理技术的防震锤锈蚀缺陷检测方法,为了使这一方法更加实用,还需要结合模式识别技术来实现锈蚀区域定位及锈蚀程度的智能检测和评估。

2.4　本章小结

本章从金属锈蚀的锈蚀形态和特征出发,分析了传统的锈蚀检测技术,并初步阐述了锈蚀图像检测技术的检测项目和检测方法。锈蚀的有效检测是指导机械设备防锈、除锈及维护加固的重要前提。根据现有研究可以发现,国内外学者对锈蚀检测所做的基础研究主要聚焦于物理检测方法、电化学检测方法和无损检测方法。工程上的锈蚀检测仍然以人工目测为主,但是这种模式存在劳动强度大、检测效率低、人工成本高等诸多现实问题。

随着计算机技术的发展,越来越多的研究人员采用各种智能算法对锈蚀图像进行分割、识别和评级研究。虽然取得了众多研究成果,但这些检测方法的实时性、准确性、可靠性仍有待进一步提高,尤其在工程应用上,完全替代检测人员的锈蚀图像自动检测技术仍然存在一些难点有待解决,相信不久后,基于锈蚀图像的智能识别技术可以实现大规模工业应用。

第 3 章　锈蚀图像采集的硬件组成

　　在对被测对象的锈蚀图像进行采集时,要满足工业场景的实际需求,因此,对于锈蚀图像采集系统,首先要能够有效拍摄出发生锈蚀的锈蚀区域图像,便于后续图像处理时能快速定位到锈蚀区域。另外,所搭建的锈蚀图像采集系统要适用于不同光照、不同角度、不同环境下的锈蚀图像采集。在图像采集过程中,要能自动调焦、自动补光,有的场合还希望采集的锈蚀图像能够实现无线传输并自动存储到云台。

　　锈蚀图像采集系统的硬件构成包括工业相机、镜头、光源、图像采集卡等,机器视觉硬件系统框架如图 3-1 所示。光源为图像采集系统提供足够的亮度,镜头将被测场景中的目标成像到图像传感器的感光面上,图像传感器利用光电器件的光电转换功能将感光面上的光像转换为与光像成相应比例关系的电信号,图像采集卡通过数模转换或模数转换将电信号转换成数字图像信息,计算机对锈蚀图像进行存储和处理。

　　锈蚀图像采集系完成锈蚀图像的采集与存储工作后,由专门的图像处理软件来完成对图像的分析与处理,图像采集硬件与图像处理软件共同构成锈蚀图像检测与处理的物质基础。

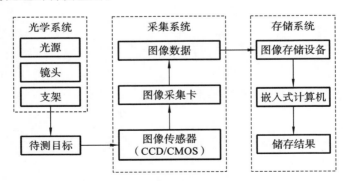

图 3-1　机器视觉硬件系统框架

3.1　图像传感器

工业相机在锈蚀图像采集系统中至关重要,相比于传统的民用相机,工业相机具有较高的图像稳定性、高传输能力和高抗干扰能力等优势。选择合适的工业相机是机器视觉系统设计的重要环节,工业相机类型不仅直接决定所采集到的锈蚀图像分辨率、锈蚀图像质量,同时也与整个系统的运行模式直接相关。

图像传感器是一种小型的固态集成光电器件,这种器件能够将图像信号经过光媒介转换成电信号,是一种光信息处理装置。图像传感器具有体积小、质量轻、响应快、灵敏度高、稳定性好以及非接触等特点,近年来在自动控制、自动检测等领域逐渐显示出其优越性。同时,图像传感器在传真、文字识别、图像识别等技术领域中,也获得了良好应用。图像传感器的工作原理如图 3-2 所示,图像传感器先将光信号转变成为有序的电信号,再将电信号转换为数字图像信号并送到处理器后以完成图像的处理、分析和识别。

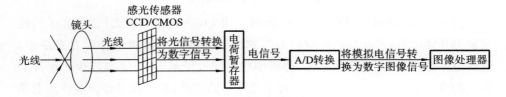

图 3-2　图像传感器的工作原理

目前最为常见的图像传感器有电荷耦合器件(charge-coupled device,CCD)和互补金属氧化物半导体(complementary metal oxide semiconductor,CMOS)。

3.1.1　CCD 图像传感器

1. CCD 图像传感器的结构

CCD 图像传感器的基本单元是金属-氧化物-半导体(Metal Oxide Semiconductor,MOS)电容器,MOS 电容器结构如图 3-3 所示。以 P 型硅为例,P 型硅衬底通过氧化反应在表面形成 SiO_2 层,然后在 SiO_2 上沉积一层金属电极(或多晶硅电极)作为栅极,由此每个电极与其下方的 SiO_2 和半导体构成单个 MOS 电容。P 型硅中的多数载流子是带正电荷的空穴,少数载流子是带负电荷的电子,当在金属电极上施加正电压时,其电场能够透过 SiO_2 绝缘层对这些载流子进行排斥或吸引。于是带正电的空穴被排斥到远离电极处,剩下不能移动的带负电的少数载流子紧靠 SiO_2 层形成负电荷层,这种现象称为电子势阱,即电子一旦进入就不能出来。

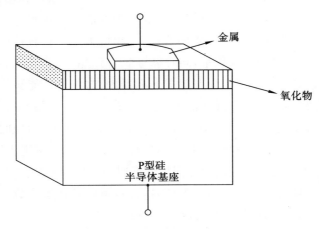

图 3-3　MOS 电容器结构

若干个 MOS 电容可构成 MOS 阵列。当 MOS 阵列受到光照时,光子的能量被半导体吸收,产生"电子-空穴对",这时出现的电子被吸引存贮在势阱中。这些电子是可以传导的,光越强,势阱中收集的电子越多,反之则越少。这样就把光的强弱转变为电荷的数量,实现了光和电的转换,最终通过辅助器件和电路共同组成 CCD 图像传感器,实现了光学影像向数字信号的转化。

2. CCD 图像传感器的工作原理

CCD 图像传感器以电荷作为信号的载体,其工作流程包括电荷注入、电荷存储以及电荷传输和检测等步骤。CCD 图像传感器工作流程如图 3-4 所示。

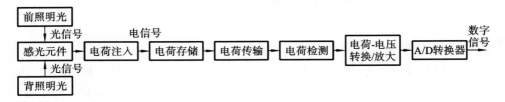

图 3-4　CCD 图像传感器工作流程

当光照射半导体时,光子穿过透明电极及氧化层,进入 P 型硅衬底,若光子的能量大于半导体禁带宽度,就会被半导体吸收,产生"电子-空穴对",势阱内吸收的光生电子数与入射光强成正比,实现光信号与电信号的转化。电荷存储是将入射光子激励出的电荷收集起来成为信号电荷包的过程。电荷包存储在半导体与绝缘体之间的界面表面或者存储在离半导体表面一定深度的体内,并沿特定方向转移,这就实现了信号电荷的定向转移。电荷检测就是将转移到输出级的电荷转换为电流或电压的过程,输出类型包括电流输出、浮置栅放大器输出以及浮置扩散放大器输出三种。

3.1.2 CMOS 图像传感器

1. CMOS 图像传感器的结构

CMOS 图像传感器主要包括像敏单元阵列和 MOS 场效应管集成电路。像敏单元阵列按 x 和 y 方向排列成方阵,方阵中每个像敏单元都有 x 与 y 方向上的地址,并可分别由两个方向的地址译码器进行选择。根据像素结构的不同,CMOS 图像传感器可以分为无源像素被动式传感器和有源像素主动式传感器。

被动式像素结构(passive pixel sensor,PPS),又叫无源式,其结构如图 3-5 所示。它由一个反向偏置的光敏二极管和一个开关管构成。由于光敏二极管本质上是一个由 P 型半导体和 N 型半导体组成的 PN 结,被动式像素结构可等效为一个反向偏置的二极管和一个 MOS 电容并联。这种结构的优点是拥有最高的填充因子,可以设计出最小的像元尺寸,能把芯片做得很小。

主动式像素结构(active pixel sensor,APS),又叫有源式,其结构如图 3-6 所示。它由三个 NMOS 场效应管和一个反向偏置的光敏二极管组成构成。由于其结构中包含了一个有源放大器,在提高像元灵敏度的同时,其填充因子变小,像元尺寸变大,因此需用微透镜成像到像敏单元上。

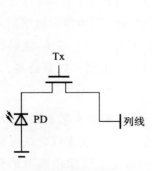

图 3-5 被动式像素结构

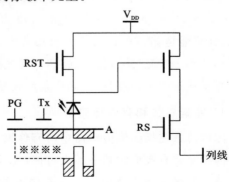

图 3-6 主动式像素结构

2. CMOS 图像传感器的工作原理

首先外界光照通过成像透镜聚焦到 CMOS 图像传感器的像素阵列上产生光电效应,每个像素中的光敏二极管将其阵列表面的光强转换为电信号。然后通过行选择电路和列选择电路选取希望操作的像素,并将像素上的电信号读取出来,其中行选择逻辑单元既可以对像素阵列逐行扫描,也可隔行扫描,行选择逻辑单元与列选择逻辑单元配合使用可以实现图像的窗口提取功能。接着将行像素单元内的图像信号通过各自所在列的信号总线传输到对应的模拟信号处理单元以及 A/D 转换器,转换成数字图像信号输出,其中模拟信号处理单元的主要功能是对信号进行放大处理,并且提高信噪比。最后通过处理芯片的记录将其解读为影像,为更方便地获取图像,芯片中应当包含各种控制电路,如曝光时间控制、自动增益控制等。CMOS 色彩还原原理与 CCD 类似,两者都是通过彩色滤镜实现的。

3.1.3 图像传感器的基本参数

1. 灵敏度

灵敏度反映了图像传感器对单位光照的光电转换能力。在一定光谱范围内,图像传感器对单位光照的输出信号电压(电流),单位可以为纳安/勒克斯(nA/Lux)、伏/瓦(V/W)、伏/勒克斯(V/Lux)、伏/流明(V/lm)。

2. 像元尺寸

像元尺寸指芯片像元阵列上单个像素的实际物理尺寸。通常的尺寸包括 $3.75~\mu m$、$4.4~\mu m$、$7~\mu m$、$9~\mu m$ 等。对于先进摄影系统 C 型传感器,若幅面尺寸为 $24.9~mm \times 16.6~mm$,在其中做 2400 万个不重叠像素,每个像元面积(含边框)最大只能是 $17.29~\mu m^2$,每个像元尺寸不超过 $4.16~\mu m$,因为像元边框实际上会更小一些。像元尺寸可以反映芯片对光的响应能力,像元尺寸越小,能够接收到的光子数量越多,在同样的光照条件和曝光时间内产生的电荷数量越多。

3. 像素总数和有效像素数

像素总数是指图像传感器中所有像素的总和。由于制造工艺的限制,所有像素都能完成有效成像几乎不太可能,总体像素中能有效完成光电转换并输出图像信号的像素为有效像素。有效像素的数目直接决定了图像传感器的分辨能力。

4. 像素均匀性

在标准的均匀照明条件下图像传感器各个像素的输出存在差异。理想状态下各个像素在均匀光照条件下的输出应该相同,但由于芯片工艺在空间上的差异,导致像素的光电响应输出是非均匀的。像素均匀性在高速使用时对整体输出有一定影响。

5. 相机分辨率

使用工业相机进行锈蚀图像采集时,为保证被测对象(如水工钢闸门面板表面、输电线路金具表面等)的全覆盖图像采集,相机的检测幅宽必须足够大,但也不能过大,幅宽过大会在一定程度上降低图像检测分辨率。为保证被测对象边缘部分不影响锈蚀检测的最终结果,在设计检测算法时首先会将含有被测对象边缘部分的图像去除。相机分辨率 R_d 的计算如式(3-1)所示。

$$R_d = \frac{W}{P_d} \tag{3-1}$$

式中,P_d 为锈蚀图像期望的检测精度。

设小型的弧形钢闸门面板宽度 W 为 1.5 m,假设在锈蚀图像检测中,要求在闸门宽度上的检测精度不低于 0.5 mm,则计算得到相机的分辨率应该不低于3000 像素每英寸,按照相机分辨率标准 2^n 进行选择,则至少需要选择分辨率为4096 像素每英寸的工业相机。闸门在高度上检测的锈蚀图像分辨率的计算方法与之相同。

6. 线阵相机与面阵相机的选择

工业相机按照传感器的结构特性和成像方式可分为线阵相机和面阵相机。它们有各自的优缺点,需要根据实际情况进行合理选择。

面阵相机实现了像素矩阵拍摄,以面为单位来进行图像采集,典型应用场景为对面积、位置等物理量的测量。拍摄图像时,图像细节的呈现主要由镜头的分辨率决定,分辨率由所选择镜头的焦距所决定,同一种相机,选用不同焦距的镜头,分辨率就不同,图像细节的呈现也不同。面阵相机的应用面较广,如对面积、形状、尺寸、位置,甚至温度等的测量均可采用。

线阵相机采集的也是二维图像,其采集的图像呈线状。当被测视野为细长的带状或者连续运动时就需要使用这种相机。采用线阵相机时,必须用可以支持线阵相机的采集卡。线阵相机价格比较贵,而且在较广的视野或者较高的检测精度要求情况下,其检测速度也较慢。线阵相机主要应用于工业、医疗、科研与安全领域的图像处理,如检测连续运动的滚筒表面缺陷。

针对锈蚀图像的采集,面阵相机显然更适合。

3.2　镜　　头

在锈蚀图像采集的硬件系统中,镜头将目标成像在图像传感器的光敏面上,使得图像传感器能够获得清晰影像。光学镜头主要分为监控级和工业级两大类,锈蚀图像的检测常采用工业级镜头。在光学镜头的选型中,需要重点考虑视场角和焦距等技术参数。

3.2.1　视场角

视场角是在视场概念的基础上发展而来的。视场就是整个视觉系统能够观察的实际物体的最大水平或垂直的尺寸范围,用 FOV 表示,定义如式(3-2)所示。

$$\mathrm{FOV} = L\frac{H}{h} = L\frac{U}{V} \tag{3-2}$$

式中,L 是 CCD 芯片的高或宽;H 和 h 分别对应物高和像高;U 和 V 分别对应物距和像距。

视场角是以镜头为顶点,以被测对象可通过镜头覆盖的最大范围的水平或垂直的两条边构成的夹角,如图 3-7 所示,视场角用 α 表示,定义如式(3-3)所示。

$$\alpha = 2 \cdot \theta = 2 \cdot \arctan\left(\frac{\mathrm{SR}}{2 \cdot \mathrm{WD}}\right) \tag{3-3}$$

式中,SR 为景物范围,WD 为工作距离。按照视场角的大小,镜头可分为标准镜头、广角镜头、远摄镜头。

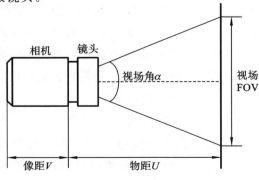

图 3-7　视场与视场角

3.2.2 焦距

焦距是从透镜中心到光聚集焦点的距离,也是从镜片光学中心到底片、CCD 或 CMOS 芯片等成像平面的距离。

镜头焦距的长短决定着视场角的大小,焦距越短,视场角就越大,观察范围就越大,但远物就越不清晰;反之,焦距越长,视场角就越小,观察范围就越小,远物就越清晰。因此在选择焦距时,应该充分考虑是观察细节还是观察范围,若是观察近距离、大视场的物体,则选择小焦距的广角镜头;若是观察远距离的细节,则选择大焦距的长焦镜头。焦距 f 的计算公式见式(3-4)。

$$f = \frac{d}{2 \cdot \tan\theta} \tag{3-4}$$

式中,d 为芯片尺寸,θ 为 1/2 倍的视场角。

通常,镜头表面即使有非常轻微的划痕也会影响成像质量,这就要求拍摄者在拍摄过程中养成良好习惯,及时盖好镜头盖,在使用镜头时加倍呵护,不要对镜头造成任何损伤。①若镜头表面有少量灰尘,一般情况下对成像的清晰度并不会产生大的影响,因此镜头表面的灰尘不要轻易擦拭。②若镜头表面有雾气,也不要轻易擦拭,可以将镜头朝上,让雾气自然散去。③若镜头表面有硬性附着物,则需要专业人士对镜头进行清洁处理。若确需对镜头进行自行擦拭,则须使用专用镜头纸,配合镜头专用清洗液,轻轻对镜头表面进行沾吸。

3.3 光 源

图像采集是机器视觉系统运行的第一个环节,图像采集的质量对整个机器视觉系统而言尤为重要,高质量的图像采集将使得后续的图像处理变得轻松。在图像采集中,光源是影响图像质量的重要因素之一。为了克服环境光对锈蚀图像采集的干扰,增强锈蚀图像的亮度和对比度,通常采用照明光源辅助相机和镜头进行锈蚀图像采集,光照好坏会影响成像质量。通过高质量的光源设计,可以提高被测目标的亮度,克服环境光照干扰,形成优异的成像效果,并使背景图像信息中的目标特征突出显示,有效降低图像处理的难度,同时也能有效提高视觉检测系统的检测精度和可靠性。

在选择光源时,保证锈蚀图像与背景图像有明显的对比度,使锈蚀目标轮廓清晰,同时光源的亮度要均匀适中,不至于过度曝光,也不能太暗,尽量避免光照不均。另外,新增的光源要能够弱化环境光变化对成像质量的影响,长时间图像采集的过程中,不能出现光照强度的明显变化。目前,在机器视觉技术的工业应用中,主要光源包括卤素灯、荧光灯、LED 灯等,它们的主要特性对比如表 3-1 所示。

表 3-1　主要光源特性对比

光源	光效/(lm/W)	色温/K	平均寿命	平均成本	其他特点
卤素灯	12～24	2800～3000	短	高	发热高、亮度强
荧光灯	50～120	3000～6000	较长	低	稳定性一般
LED 灯	110～250	全系列	长	中等	耗能低、发光稳定

卤素灯的寿命较短且成本高,常用于温度敏感的工业环境。荧光灯成本低,但其响应速度慢且稳定性差。LED 灯由多个发光二极管组成,发光效率高、调节灵活、光源寿命长、响应速度快、稳定可靠、成本较低,而且 LED 灯属于冷光灯,能耗较低、散热性好,可以根据需求设计不同的打光方式。

目前,机器视觉系统中的目标光源主要为 LED 灯,LED 灯的芯片采用半导体材料,LED 灯的使用寿命长、响应速度快、组合形式灵活、颜色多样、经济可靠,在各行各业均被广泛使用。关于光源的颜色,通常根据应用需求调整红(R)、绿(G)、蓝(B)三个颜色通道来得到工业视觉检测中所需的其他颜色。

按照 LED 灯自身的组合形式,LED 光源可分为条形光源、环形光源、方形光源等。在此仅介绍锈蚀图像检测中经常用到的几种光源布置形式。

(1) 条形光源:通常由 LED 阵列组成,如图 3-8 所示,适合大幅面尺寸检测。多个条形光源可自由组合,照射角度也可自由调整,其在某些应用场合下可代替环形光源。条形光源的优点是光照均匀、照度高,照射角度可调、指向性强、可靠性高,安装简单,角度和尺寸设计均比较灵活。条形光源也适用于锈蚀图像检测、表面裂纹缺陷检测等宽幅的检测表面和流水线等在线连续监测的场合。

(2) 环形光源:通常由 LED 阵列呈环状照射在被测物体表面,通过漫反射方式照亮一小片区域,如图 3-9 所示。环形光源的照射角度、组合颜色均可自由调整,从而突出被测对象的三维信息,适用于被测物体在空间上的形状信息检测、机械部件的表面损伤检测、零件加工的外貌尺寸检测等。

(3) 方形光源:主要在背光照明时使用,可以显示出被测物体的形状特征,适用于有轮廓缺陷的产品检测。

辅助光源除选型外,还要根据检测对象的实际情况选择合适的打光方式,合

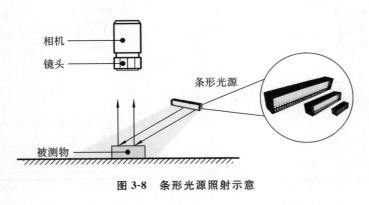

图 3-8　条形光源照射示意

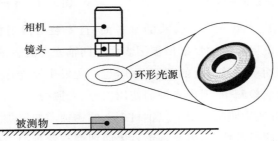

图 3-9　环形光源照射示意

适的打光方式能够增强图像对比度,提高图像亮度,决定了检测表面图像的质量。打光方式主要有正向光法和背向光法两种。按照 LED 灯的安装位置不同,LED 光源可分为前光源、背光源、同轴光源等。

（1）前光源:放置在被测对象的前方,如图 3-10 所示。前光源主要应用于辅助检测反光表面或者粗糙表面。前光源按其置放的位置又分为"高角度"和"低角度"两种,其区别在于光源与被测物体表面夹角 θ 大小的不同。

具体而言,选择"高角度"还是"低角度"放置光源,主要取决于被测物体的表面特性,如印刷式字符适宜采用高角度照明,而刻字式字符采用低角度照明方式效果更优。针对锈蚀图像检测而言,也适宜采用高角度照明方式。

（2）背光源:放置在被测对象的背面,如图 3-11 所示。背光源通过照射被测对象,突出显示被测对象的外形、轮廓、尺寸等特征,也适用于检测透明物体的内部结构特征。背光源的颜色有很多种,如红白两用、红蓝两用等,通过调配,可满足不同被测物体的色彩要求。背光源常用于电子元器件外形尺寸检测、印刷电路板焊接缺陷检测等。

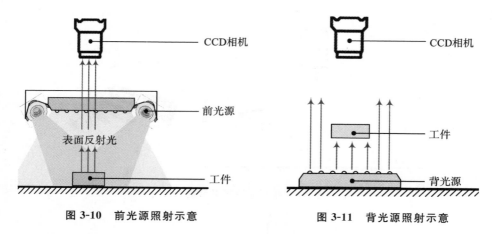

图 3-10　前光源照射示意　　　　图 3-11　背光源照射示意

（3）同轴光源：光线垂直于镜头的水平面，且安装有漫射板，光源在被测表面反射后会通过漫射板再次反射回被测表面。同轴光源通过这种多次反射的方式避免了被测表面不平整部分的阴影，同时也避免发生反光，适用于平面检测。

在锈蚀图像的检测中，考虑光源的使用寿命、光照稳定性、环保节能等因素，通常选用 LED 灯作为照明光源。以钢材表面的锈蚀图像采集为例，为了有效识别钢材表面的锈蚀图像特征，需要将钢材表面图像与背景图像尽量分离，考虑到检测对象的反光性较好，所以通常选择正向光法的打光方式，以此突出被测对象的深层信息并有效获得检测目标的信息。

3.4　图像采集卡

图像采集卡是连接图像传感器和计算机的部件，模拟图像经过采样、量化以后转化为数字图像，以数据文件的形式保存在计算机中，便于后期的编辑和处理。一般的图像采集卡安装在台式机的 PCI 扩展槽上，经过高速 PCI 总线能够直接采集图像到主机的系统内存中，实现图像的连续采集。图像处理可以直接在主机的内存中进行，图像处理的速度主要取决于 CPU 的计算速度。

图像采集卡的信号采集流程如图 3-12 所示，从视频源得到的信号，经过视频接口送到图像采集卡，信号经过采样保持单元实现信号的模数转换，然后输入数字解码器进行解码后输出。具体而言，图像传感器将光信号转换为电信号，由此构成图像采集卡的视频源，视频源的信号以模拟信号的形式输出至图像采集卡，图像采集卡中的模数转换器将模拟信号转换为 8 位（或 10 位、12 位……）数字信号,像素的光强信息以灰度值的形式展现,灰度值的范围为 0～255,分别对应像素的光强由最暗到最亮。

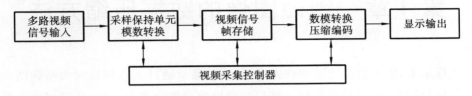

图 3-12　图像采集卡的信号采集流程

图像采集卡的主要技术参数包括传输速率、分辨率、采样频率、传输通道数、图像传输格式等。

(1) 分辨率。

分辨率反映了图像采集卡能支持的最大点阵像元。单行的最大像元数目和单帧的最大行数也是图像采集卡分辨率的一种体现。普通的图像采集卡能支持 768×576 的点阵,高端的图像采集卡支持的最大点阵可达到 64000×64000。

(2) 采样频率。

最大采样频率反映了图像采集卡采集和处理图像的速度。在执行连续的图像采集任务时,需要关注图像采集卡的采样频率是否满足要求。

(3) 传输速率。

传输速率反映了图像采集卡与计算机之间的图像传输速度。

(4) 传输通道数。

随着图像采集要求的提高,往往需要图像采集卡支持多路输入,现在一般的图像采集卡都支持 2 路、4 路、8 路等多路输入。

3.5　本 章 小 结

本章详细介绍了钢材表面锈蚀图像采集系统的硬件构成,主要包括光源、镜头、图像传感器、图像采集卡等方面的内容。在图像传感器方面,介绍了 CCD 和 CMOS 图像传感器的基本工作原理和结构。在光学镜头方面,介绍了在选型中需要重点考虑的一些技术参数。在光源方面,主要介绍了光源的布置方式,对于光源的颜色和光源的种类没有做过多介绍。此外,也简要介绍了图像采集卡的基本信息。实际应用中,还需要结合特定的应用场合,根据客户要求和图像采集硬件的主要技术参数,设计合适的锈蚀图像采集系统。

第4章 锈蚀图像的数据压缩方法

近年来,随着信息技术的快速发展,人们通常通过工业相机对大型钢结构的锈蚀缺陷进行采样,并对同一区域的锈蚀状态进行多次拍摄,从不同角度获取大量钢结构表面的锈蚀图像。随着采集硬件的持续升级,所采集的锈蚀图像的分辨率越来越高。如一幅分辨率为 1024×512,真彩色(24 位)的图像,其原始的数据量为 12 M,一个 1 G 大小的闪存盘也只能存储 80 多张这样大小的图片。

较高的图像分辨率有利于锈蚀图像的识别与检测,但是过高的分辨率不利于对锈蚀图像进行无线传输和图像处理。如果不对过高分辨率的原始锈蚀图像进行数据压缩处理,将会占用机器视觉硬件系统大量的存储空间,大大降低图像处理效率。

在实际的工程应用中,还没有相应行业规范来对锈蚀图像的采集做出规定,不同业主单位都根据自己的经验来确定采集硬件,这也直接导致了不同业主单位所采集的锈蚀图像的分辨率千差万别,有些业主单位甚至认为锈蚀图像的分辨率越高越好。为此,通过对原始锈蚀图像进行数据压缩处理,可使不同分辨率的锈蚀图像在同一个标准下进行后续的图像处理。本章主要介绍通过主成分分析和小波变换进行锈蚀图像压缩的一般方法及其有关的自适应和扩展方法。

4.1 基于主成分分析的锈蚀图像压缩

4.1.1 主成分分析基础理论

主成分分析是数据分析与处理中一种常用的、对数据集进行约简降维的方法,通过分析数据中的方差和协方差,将一系列相关变量通过线性变换投影到低维空间,保留数据集对方差贡献最大的主成分,以此实现原始数据的约简降维。

在锈蚀图像的数据压缩过程中,主成分分析利用矩阵的特征值分解,根据特征值大小确定各特征值在数据中的权重,过滤掉特征值非常小的成分,保留少量主成分的特征信息,满足对图像压缩、重建的有效性需求,从而实现锈蚀图像的数据降维和压缩。主成分分析的流程如图 4-1 所示。

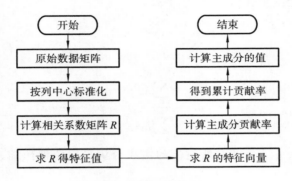

图 4-1　主成分分析的流程

(1) 构建原始数据矩阵。设原始图像是一个像素大小为 $n \times m$ 的二维灰度图像,则可以组成数据矩阵 $\boldsymbol{X}$ 如下。

$$\boldsymbol{X} = \begin{bmatrix} x_{11} & x_{12} & \cdots & x_{1m} \\ x_{21} & x_{22} & \cdots & x_{2m} \\ \cdots & \cdots & \cdots & \cdots \\ x_{n1} & x_{n2} & \cdots & x_{nm} \end{bmatrix} = \begin{bmatrix} \boldsymbol{X}_1 & \boldsymbol{X}_2 & \cdots & \boldsymbol{X}_m \end{bmatrix}$$

(2) 计算相关系数矩阵。$\boldsymbol{X}$ 矩阵中每行对应一个样本,每列对应一个变量,则相关系数矩阵 $\boldsymbol{R}$ 如下。相关系数的计算公式见式(4-1)。

$$\boldsymbol{R} = (r_{ij})_{n \times m} = \begin{bmatrix} r_{11} & r_{12} & \cdots & r_{1m} \\ r_{21} & r_{22} & \cdots & r_{2m} \\ \cdots & \cdots & \cdots & \cdots \\ r_{n1} & r_{n2} & \cdots & r_{nm} \end{bmatrix}$$

$$r_{ij} = \frac{\sum\limits_{k=1}^{n} (x_{ki} - \overline{x_i}) \cdot (x_{kj} - \overline{x_j})}{\sqrt{\sum\limits_{k=1}^{n} (x_{ki} - \overline{x_i})^2 \cdot \sum\limits_{k=1}^{n} (x_{kj} - \overline{x_j})^2}} \tag{4-1}$$

式中,$r_{ii} = 1$,$r_{ij} = r_{ji}$,r_{ij} 表示第 i 个变量与第 j 个变量的相关系数。

(3) 计算特征值与特征向量。令特征方程 $|\lambda \boldsymbol{I} - \boldsymbol{R}| = 0$,对其求解,得到相关系数矩阵 $\boldsymbol{R}$ 的 ρ 个特征值,将其按大小排序 $\lambda_1 \geqslant \lambda_2 \geqslant \cdots \geqslant \lambda_p \geqslant 0$,对应的特征向量组成的矩阵为 $\boldsymbol{u} = [\boldsymbol{u}_1, \boldsymbol{u}_2, \ldots, \boldsymbol{u}_p]$,且 $\|\boldsymbol{u}_i\| = 1$,$\sum\limits_{j=1}^{p} \boldsymbol{u}_{ij}^2 = 1$,其中 $\boldsymbol{u}_{ij}$ 表

示向量 u_i 的第 j 个分量。

（4）计算主成分贡献率和累计贡献率。设主成分贡献率为 b_j，累积贡献率为 α_t 则其计算公式见式（4-2）和式（4-3）。

$$b_j = \frac{\lambda_j}{\sum\limits_{k=1}^{p} \lambda_p}, j = 1, 2, \ldots, p \qquad (4\text{-}2)$$

$$\alpha_t = \frac{\sum\limits_{k=1}^{t} \lambda_k}{\sum\limits_{k=1}^{p} \lambda_k}, t \leqslant p \qquad (4\text{-}3)$$

通常取 $\alpha_t \geqslant 85\%$，此时所对应的主成分满足对图像压缩、重建的有效性需求。

（5）计算主成分得分。定义样本 X_i 的第 j 个主成分得分为 $\text{SCORE}(i,j) = X_i u_j$，其矩阵形式如下。

$$\textbf{SCORE} = \begin{bmatrix} X_1^{\text{T}} \\ X_2^{\text{T}} \\ \cdots \\ X_n^{\text{T}} \end{bmatrix} [u_1, u_2, \ldots, u_p] = Xu = \varepsilon_1, \varepsilon_2, \ldots, \varepsilon_t$$

选择 $\varepsilon_1, \varepsilon_2, \ldots, \varepsilon_t$ 前 t 个主成分来逼近原始样本，选取的主成分之间不呈线性相关。对上式进行求逆变换，即可从得分矩阵中重构出原始数据样本 X。

$$X = \text{SCORE} \cdot u^{-1} = \text{SCORE} \cdot u^{\text{T}}$$

在图像压缩中，采用主成分分析时，需要将图像先分割成众多子块，将这些子块作为样本数据，每一个子块上相邻像素点的灰度值具有一定的相似性，从而图像子块的列和行之间具有一定的相关性，把图像子块的每列看成一个变量，则变量之间的信息有所重叠，可以通过主成分分析进行降维处理，进而实现图像压缩。

4.1.2 基于主成分分析的锈蚀图像压缩实例

1. 一般流程

基于主成分分析的锈蚀图像压缩流程如图 4-2 所示，主要包含两部分：图像压缩和图像重构。图像压缩主要是完成锈蚀图像的约简降维，减少图像传输的数据量，加快图像传输速度，降低图像存储空间。图像重构是在尽可能减少图像

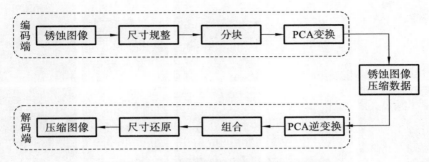

图 4-2　基于主成分分析的锈蚀图像压缩流程

特征信息的前提下，根据编码端的压缩数据重构锈蚀图像，保证重构图像的质量和效果。

在编码端，首先对收集的锈蚀图像进行尺寸规整，统一图像的尺寸以便于后续程序设计；然后对规整后的图像分块，将原图像矩阵分割成 $n \times n$ 的小块，再转化为列矩阵，构成最终的输入矩阵；最后采用主成分分析对其进行 PCA 变换后得到锈蚀图像的系数矩阵和得分矩阵，由此构成锈蚀图像的压缩数据。

在解码端，所有步骤与编码端一一对应，先将锈蚀图像压缩数据通过 PCA 逆变换还原出图像信息，将子块列向量块转化为方块并进行映射组合，由此得到与原始锈蚀图像尺寸保持一致的压缩重构图像。

2. 具体步骤

下面将结合锈蚀图像压缩的实例程序对采用主成分分析法的图像压缩问题进行详细分析，使读者能够熟练地利用 MATLAB 工具实现锈蚀图像的压缩。本节的模型算法开发环境基于 MATLAB 2016b 软件，硬件采用 CPU 主频为 3.90GHz 且 RAM 为 4GB 的计算机。

（1）数据集说明。

为验证本文方法的有效性和适用性，采用爱尔兰科学基金会支持项目并由 Dr. M. O'Byrne 公开的锈蚀图像数据集 ULTIR 作为测试图像。该数据集中包含经过离线增强后的 8507 张金属表面锈蚀图像，选取其中 20 张图像进行尺寸规整后作为本节锈蚀图像压缩的原始数据集，规整后的彩色锈蚀图像尺寸统一为 256×256，锈蚀图像数据集如图 4-3 所示。

（2）加载数据。

为保证程序运行环境的一致性，在加载图像数据之前先对程序环境进行初

图 4-3 锈蚀图像数据集

始化,采用"clc"命令清空命令行窗口;采用"clear"命令清除工作区里面的变量;采用"close all"关闭当前所有的 figure 图像窗口。

采用 image_read_all 子函数读取预设路径中的所有图像数据的名称和具体路径,其中 Path 为原始输入图像文件夹的具体路径位置,filenames 为路径下每一张图片的具体路径信息,names 为每一张图像的名称,num 为 path 路径下图像的数量。具体代码如下。

```
%% 图像导入
Path=[cd, '\inputset\']; % 设置当前数据存放的文件夹路径
[ filenames, names, num] =image_read_all(  );
fprintf (strcat('图像导入完成! 总共',num2str(num-2),'张! \n '));
```

其中 image_read_all 子函数具体代码解释如下。

```
function [ im_name,filenames,Length_Names]=image_read_all(
Path  )
```

```
File=dir(fullfile(Path,'.'));
```
% 显示文件夹下所有符合后缀名为 .jpg 文件的完整信息,使用 dir 函数获得指定文件夹下的所有子文件夹和文件并存放在结构体数组中
```
FileNames={File.name}';
```
% 提取符合后缀名为 .jpg 的所有文件的文件名,转换为 n 行 1 列
```
Length_Names=size(FileNames,1);
```
% 获取所提取数据文件的个数

% % 去除文件名后缀
```
for i=1: Length_Names
    filenames{i}=FileNames{i}(1:end-4);
end
filenames=filenames';
im_name=strcat(Path ,FileNames());
end
```

由于本章选用的锈蚀数据集共有 20 张,而每张图片均需要采用主成分分析法进行图像压缩,因此程序设置循环次数 $k = 20$。在每个轮次的循环中,采用 imread 函数读取对应路径下的文件即可完成图像数据的加载任务,采用 imresize 函数对原始图像进行尺寸规整,规整后的彩色锈蚀图像尺寸统一为 256 ×256,采用 imwrite 函数将规整后的图像保存到指定的输出文件夹中。此外,通过 tic 和 toc 记录当前循环轮次中图像压缩所耗费的时间。具体代码如下。

```
for k=3:num
```
% % 设置本次循环处理的单张图像
```
tic
im_num=k;
img_orige=imread(char(filenames(k)));
img_orige=imresize(img_orige,[256,256]);
im_name=names{im_num};
imwrite(img_orige,['.\outputset\',im_name,'.png']);
fileSizeIn=dir(['.\outputset\',im_name,'.png']);
fprintf(strcat('正在处理第',num2str(k-2),'张......\n'));
```
(3) 基于主成分分析的图像压缩。

①设置参数,其中 size_block 为图像分块时子块的尺寸大小,该参数对于图像压缩的质量与效果影响较大。而 preset_rata 为预设的累计贡献率,当主成分的累计贡献率超过 preset_rata 则认为当前主成分的数量就包含了原指标的绝大多数信息。本程序并未固定主成分个数,而是采用自适应的方式获取每张测试图像的主成分数量。

②对原图像矩阵进行分块,采用 im2double 函数将图像数据转换为便于计算的 double 数据类型,通过双重循环实现 $n \times n$ 矩阵的分块,并转化为列矩阵,构成最终的输入矩阵。

③对输入矩阵 Data 进行 PCA 变换分析得到系数矩阵和得分矩阵,其中采用 cov 函数计算协方差矩阵,采用 eig 函数计算特征值和特征向量,分别采用 sort 函数、vec 函数对特征值和特征向量进行重新排序。具体代码如下。

```
%% 设置参数(该参数直接影响图像质量和压缩比)
size_block=8;% 取 size_block* size_block 块(将图像分为8* 8 的
小块进行处理)
preset_rata=0.85;% 当累计贡献率超过该值时表示当前主成分就包含
了绝大多数信息
%% 将原图像矩阵分割成 n* n 的块,再转化为列矩阵,构成最终的输入
矩阵
img_orige=im2double(img_orige);% 转换数据类型,将图像数据转换
为便于计算的 double 类型
[row, rol]=size(img_orige);% 读取图片尺寸,在本程序中均为 256;
m=0;% 初始化重要参数
Data=zeros(size_block* size_block,(row/size_block)* (rol/
size_block));% 数据矩阵
for i=1:size_block:row
    for j=1:size_block:rol
        m=m+ 1;
        block=img_orige(i:i+ size_block-1,j:j+ size_block-1);
        Data(:,m)=block(:);
    end
end
%% PCA 处理
Data1=Data - ones(size(Data,1),1)* mean(Data);% 标准化处理
c=cov(Data1');% 求矩阵协方差矩阵
```

```
[vec,val]=eig(c);% 求特征值和特征向量
% 按特征值降序排列
val=diag(val);%  从对角线拿出特征值
[val, t]=sort(val,'descend');% 特征值降序排列
vec=vec(:,t);% 特征向量也对应改变顺序
% % 计算贡献率和累积贡献率
for i=1:100    % 自动选取主成分个数使得累计贡献率大于 85%
    num_val=i;
    vec_new=vec(:,1:num_val);% 取前 k 个特征向量
    rata{k,i}=val./sum(val);
    rata_sum{k,i}=sum(rata{k,i}(1:num_val));
    if rata_sum{k,i} > =preset_rata
        fprintf('选取% g 个特征值,贡献率为:% g\n',num_val,rata
        _sum{k,i});
        rata_sum_all=rata_sum{k,i};% 记录当前循环中图像压缩的
        累计贡献率
        break
    else
        continue
    end
end
```

（4）图像重构。

通过图像压缩后数据重构出图像,采用 reshape 函数将子块组合成原始图像尺寸,重构完成后采用 imwrite 函数将压缩图像存储在指定的输出文件夹中,具体代码如下。

```
% % 重构图像
y=vec_new'* Data;        % 映射。公式:y=w'* x
Data2=vec_new * y;      % 重构图像
Data2=Data2 + ones(size(vec_new, 1), 1) * mean(Data);% 加均值
m=0;
% % 子块组合成原始图像尺寸
for i=1:size_block:row
    for j=1:size_block:rol
        m=m+1;
```

```
        block1=reshape(Data2(:, m), size_block, size_block);
        % 列向量块转化为方块
        Out(i:i+ size_block-1, j:j+ size_block-1)=block1;
    end
end
%% 显示合成彩色图片的代码段
Out1=Out(:,1:256);
Out2=Out(:,257:2* 256);
Out3=Out(:,2* 256+ 1:768);
RGB=cat(3,Out1,Out2,Out3);
imwrite(RGB, ['.\outputset\',im_name,'_PCA 压缩图像_',num2str
(num_val),'.png']);
fileSizeOut=dir(['.\outputset\',im_name,'_PCA 压缩图像_',
num2str(num_val), '.png']);
fprintf(strcat('第',num2str(k-2),'张图像压缩完成！\n'));
toc
end
```

(5) 评价指标。

为进一步评价算法的有效性和实用性,选取压缩率、峰值信噪比、结构相似
度和运行时间作为评价指标。其中采用原始输入图像 fileSizeIn 的数据量和重
构输出图像 fileSizeOut 的数据量比值作为图像压缩率,采用 MATLAB 自带的
psnr 函数计算峰值信噪比指标,采用 ssim 函数计算结构相似度指标,采用每个
循环轮次的 tic 和 toc 计算单张图像压缩的运行时间。具体代码如下。

```
        %% 评价指标
        metrics(k-2).name=im_name;% 图像名称
        metrics(k-2).pcanum=num_val;% 主成分个数
        metrics(k-2).rate=rata_sum_all;% 累计贡献率
        metrics(k-2).cr=fileSizeIn.bytes / fileSizeOut.bytes;
% 压缩率
        metrics(k-2).psnr=psnr(img_orige, RGB);% 峰值信噪比指标
        metrics(k-2).ssim=ssim(img_orige, RGB);% 结构相似度指标
        metrics(k-2).time=toc;% 时间复杂度指标
```

（6）案例测试。

通过上述代码对 10 张锈蚀图像进行测试，设置分块的尺寸大小为 8×8，预设累计贡献率为 0.85 时，测试结果如表 4-1 所示。从表 4-1 中可以看出，对于不同的测试图像，通过 PCA 压缩后所得的主成分数目存在差异，但这并不影响图像的压缩效果和质量。使用 PCA 进行图像压缩时，单张图片的运行时间为 2 秒左右，结构相似度最高达 0.992，峰值信噪比在 30 dB 左右，一般认为峰值信噪比超过 30 dB 的图像压缩质量已经达到较高水平。

以图像"556_I3"为例，重构图像的峰值信噪比达到 32.040 dB，图像在压缩过程中没有出现明显畸变和失真，其原始图像存储空间为 90.0 kB，压缩后图像的存储空间为 76.9 kB。

表 4-1　锈蚀图像数据集的图像压缩结果

原始图像	主成分个数	累计贡献率	压缩比	峰值信噪比/dB	结构相似度	运行时间/s
256_I1	17	0.861	1.092	28.146	0.972	2.044
328	10	0.855	1.127	30.530	0.961	1.962
377_I3	4	0.906	1.036	35.404	0.992	1.890
388_I5	6	0.867	1.034	31.352	0.974	1.980
413	12	0.855	1.143	30.695	0.953	1.923
541_I7	11	0.852	1.162	36.279	0.990	1.930
556_I3	4	0.898	1.171	32.040	0.962	1.926
588_I3	15	0.866	1.067	28.413	0.955	1.911
604_I7	19	0.857	1.092	28.158	0.946	2.000
619_I3	15	0.854	1.126	29.062	0.884	1.998
平均值	11.3	0.867	1.105	31.008	0.959	1.956

进一步比较不同分块大小下的图像压缩效果，本案例中，将分块大小尺寸参数 size_block 分别设置为 2、4、8 和 16，保持累计贡献率阈值参数 preset_rata 为 0.85，从原始锈蚀图像数据集选取 256_I1、413、541_I7、604_I7 和 619_I3 这 5 张图像进行压缩测试，结果如图 4-4 所示。

从图 4-4 可以看出，分块越少，图像质量越高，而压缩比也越小。分块越多，则图像的块效应越明显，图像整体也越模糊，当分块大小为 16×16 时，其重构图像出现较为明显的块效应。结合不同分块大小下图像压缩的存储空间对比（表 4-2），可以得知采用尺寸大小为 8×8 分块压缩时既能够获得较大的压缩比，同时又能够兼顾图像质量与峰值信噪比。

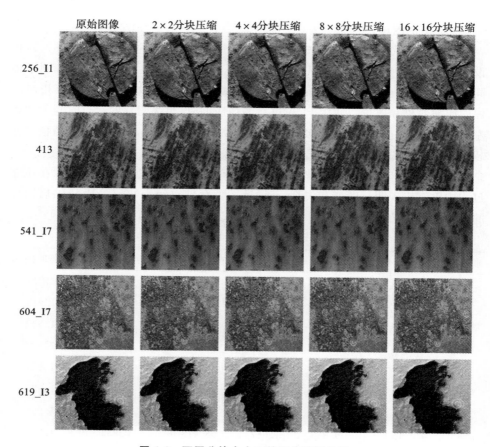

图 4-4　不同分块大小下的图像压缩效果

表 4-2　不同分块大小下图像压缩的存储空间对比

原始图像	原始存储空间	2×2 分块	4×4 分块	8×8 分块	16×16 分块
256_I1	142kB	140kB	135kB	130kB	128kB
413	129kB	127kB	120kB	113kB	111kB
541_I7	100kB	100kB	93.6kB	86.4kB	84.2kB
604_I7	148kB	145kB	142kB	136kB	136kB
619_I3	139kB	136kB	132kB	123kB	119kB

　　以图像"604_I7"为例,设置分块大小为 8×8,累计贡献率阈值为 0.85,可以得到其各个主成分的贡献率和累计贡献率,如图 4-5 所示。可以发现前两个主成分的贡献率较大,第 19 个主成分的累计贡献率超过阈值,达到 0.857,因此在图像压缩时选取前 19 个主成分。

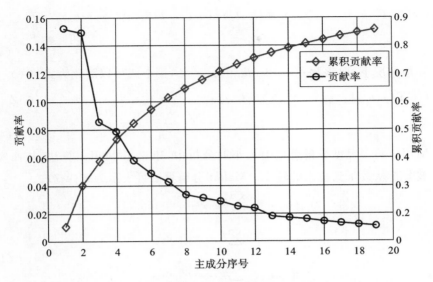

图 4-5　图像 604_I7 的主成分贡献率

4.2　基于小波变换的锈蚀图像压缩

4.2.1　小波变换图像压缩理论

小波变换是在短时傅里叶变换的基础上发展而来的,在图像处理、语音分析、模式识别、人工智能等众多领域都有广泛应用。小波变换在时域和频域均具有良好的局部分析能力,可以实现锈蚀图像的多分辨率表示,能够在全局范围内削弱图像特征的相关性,从而避免图像由于分块操作产生的块效应。因此,小波变换在图像压缩领域得到了广泛应用,尤其在高压缩比方面性能优越、效果显著。

设二维连续信号为 $f(x,y) \in L^2(x,y)$,二维小波的母函数为 $\psi(x,y)$,则二维连续小波变换可表示为式(4-4)。

$$W_\psi f(a,b,c) = \frac{1}{a} \iint f(x,y) \psi\left(\frac{x-b}{a}, \frac{y-c}{a}\right) \mathrm{d}x\mathrm{d}y \tag{4-4}$$

基于小波变换的图像压缩针对的是二维离散化的数字图像矩阵,因此需要将连续小波变换离散化。令 $a = a_0^{-j}$, $b = k_1 b_0 a_0^{-j}$, $c = k_2 c_0 a_0^{-j}$,其中 a_0, b_0, c_0 为常数, $j, k_1, k_2 \in \mathbf{Z}$,则二维离散小波变换为式(4-5)

$$\mathrm{DWT}(j,k_1,k_2) = a_0^j \sum_{l_1} \sum_{l_2} f(l_1,l_2)\psi(a_0^j l_1 - k_1 b_0, a_0^j l_2 - k_2 c_0), l_1, l_2 \in \mathbf{Z}$$

$$(4\text{-}5)$$

一般情况下，取常数 $a_0 = 2$，$b_0 = c_0 = 1$，则上式可以简化为式（4-6）

$$\mathrm{DWT}(j,k_1,k_2) = a_0^j \sum_{l_1} \sum_{l_2} f(l_1,l_2)\psi(2^j l_1 - k_1, 2^j l_2 - k_2), l_1, l_2 \in \mathbf{Z}$$

$$(4\text{-}6)$$

Mallat 将多尺度分析思想引入小波分析中，建立了 Mallat 算法，从而实现了小波分析从数学到技术的转变。Mallat 分解算法可表示为式（4-7）。

$$\begin{cases} c_{k,n,m} = \sum_{i,j} h_{l-2n} h_{j-2m} c_{k+1,l,j} \\ d_{k,n,m}^1 = \sum_{i,j} h_{l-2n} g_{j-2m} c_{k+1,l,j} \\ d_{k,n,m}^2 = \sum_{i,j} g_{l-2n} h_{j-2m} c_{k+1,l,j} \\ d_{k,n,m}^3 = \sum_{i,j} g_{l-2n} g_{j-2m} c_{k+1,l,j} \end{cases}$$

$$(4\text{-}7)$$

式中，k 表示采样的点数，$c_{k,n,m} = f_k$ 表示原采样序列，h 和 g 表示互为共轭的滤波器脉冲输出，上标数字 1、2、3 表示分解的尺度。Mallat 小波分解过程如图 4-6 所示。

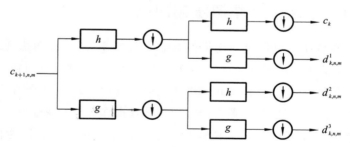

图 4-6　Mallat 小波分解过程

信号经过逐层分解后，按照其高低频组成成分，再逐层重构即可还原原信号，Mallat 小波重构过程如图 4-7 所示，其重构过程可由式（4-8）表示。

$$f(l_1,l_2) = a_0^j \sum_{l_1} \sum_{l_2} \mathrm{DWT}(j_0,k_1,k_2)\psi(2^j l_1 - k_1, 2^j l_2 - k_2)$$

$$(4\text{-}8)$$

$$+ a_0^j \sum_{j=j_0}^{\infty} \sum_{l_1} \sum_{l_2} \mathrm{DWT}(j_0,k_1,k_2)\psi(2^j l_1 - k_1, 2^j l_2 - k_2)$$

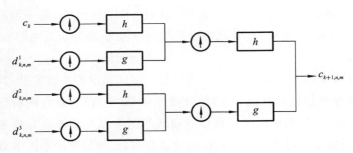

图 4-7　**Mallat 小波重构过程**

对应的 Mallat 重构算法如式(4-9)所示。

$$
\begin{aligned}
c_{k+1,n,m} = & \sum_{l,j} h_{n-2l} h_{m-2j} c_{k,n,m} + \sum_{l,j} h_{n-2l} g_{m-2j} d^{1}_{k,n,m} \\
& + \sum_{l,j} g_{n-2l} h_{m-2j} d^{2}_{k,n,m} + \sum_{l,j} g_{n-2l} g_{m-2j} d^{3}_{k,n,n}
\end{aligned} \tag{4-9}
$$

对图像进行小波变换的原理就是利用低通滤波器和高通滤波器对图像进行卷积滤波,再进行二取一的下抽样。因此图像通过一层小波变换可以被分解为一个低频子带和三个高频子带,以尺寸大小为 $N \times N$ 的图像为例,二维小波变换两层分解后的系数分布如图 4-8 所示。其中,低频子带 $\mathrm{LL_1}$ 通过图像水平方向和垂直方向低通滤波得到;高频子带 $\mathrm{HL_1}$ 通过图像水平方向高通滤波和垂直方向低通滤波得到;高频子带 $\mathrm{HH_1}$ 通过图像水平方向和垂直方向高通滤波得到;高频子带 $\mathrm{LH_1}$ 通过图像水平方向低通滤波和垂直方向高通滤波得到。各子带的分辨率为原始图像的 1/2。同理,对图像进行二层小波变换时只对低频子

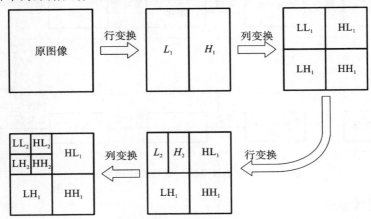

图 4-8　**二维小波变换两层分解后的系数分布**

带 LL_1 进行,可以将 LL_1 子带分解为 LL_2、LH_2、HL_2 和 HH_2,各子带的分辨率为原始图像的 $1/4$。由此可知,对原始图像进行 x 层小波分解后可以得到 $3x+1$ 个小波子带。

通过对图像进行多层小波变换,可以得到不同频段的小波子带,其中包括能够反映图像近似信息的低频子带,能够反映水平、垂直、对角方向信息的高频子带。在图像压缩中,采用小波变换将空间域的图像像素值转换为频率域的小波系数,图像的能量经过小波变换后得以重新分布,低频部分的小波系数占据了原始图像的大部分能量,高频部分的小波系数则能量分布较少。

4.2.2 基于小波变换的锈蚀图像压缩实例

1. 一般流程

基于小波变换的锈蚀图像压缩是指对图像应用小波变换算法来进行多分辨率分解,通过对小波系数进行编码从而实现图像压缩,基于小波变换的锈蚀图像压缩流程如图 4-9 所示。在编码端首先对图像进行多级小波分解得到相对应的小波系数,然后对每一层小波系数进行量化得到量化系数对象,最后对量化系数对象进行编码得到图像压缩数据。而在解码端则首先对图像压缩数据进行解码得到符号流,然后通过对应的反量化器得到重构的小波系数,最后通过小波逆变换得到压缩重构的图像。

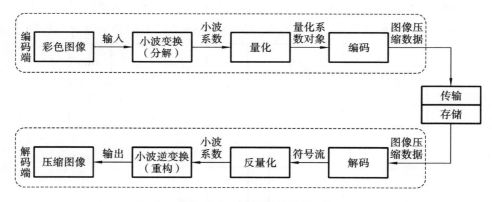

图 4-9　基于小波变换的锈蚀图像压缩流程

2. 具体步骤

由于小波变换后得到的小波系数重要程度存在差异,因此可以通过引入阈值系数实现小波变换的量化编码过程,将高于阈值的小波系数保留,将低于阈值的小波系数赋予一常数,以此实现锈蚀图像简单直接的数据压缩,下面结合锈蚀图像数据集和程序代码分析基于小波变换的锈蚀图像压缩。

（1）数据集说明。

数据集与前述基于主成分分析进行图像压缩的数据集一致。

（2）加载数据。

数据加载过程也与前述基于主成分分析进行图像压缩的数据加载步骤一致。

（3）参数设置。

基于小波变换的图像压缩主函数中有 3 个参数需要手动设置,其中 wave_name 为小波基函数名称,通常可以采用 haar、db8、sym8 和 coif5 等小波基函数,在本案例中选用 haar 作为小波函数;wave_num 为小波分解的层数,在本案例中设置小波分解层数为 3 层;th 为预设的全局阈值,分解后的小波系数低于全局阈值则直接用 0 代替。

另外,由于采用的锈蚀图像均为三维彩色图像,而小波分解与重构时均是对二维图像进行处理,因此在进行小波变换之前先将三维彩色锈蚀图像进行通道分离,得到 R、G 和 B 三个通道的二维图像分量,再依次进行小波分解与重构,最后再对三通道的重构图像进行合并即可得到原始彩色锈蚀图像的压缩重构图像。具体代码如下。

```
%% 设置参数
% wnames=strvcat('haar', 'db8', 'sym8', 'coif5');% 可选小波函
数名称
wave_name='haar';% 选择小波函数
wave_num=3;% 设置小波分解层数
th=100;% 设置全局阈值
img.r=x(:,:,1);
img.g=x(:,:,2);
img.b=x(:,:,3);
```

（4）小波分解。

本案例中,由于彩色图像三通道分量的处理方式一致,因此只以 R 通道分量为例,展示其小波分解与重构的代码细节。在主函数中采用 wavedec_process 子函数对 R 通道图像进行分解,从而得到小波系数矩阵。具体代码如下。

```
[cf_vec_r, dim_vec_r]=wavedec_process(img.r, wave_num, wave_
name);
```

其中小波分解函数 wavedec_process 的输入参数为二维图像矩阵、小波分解层数以及小波函数，输出参数包括小波分解系数矩阵 cf_vec_r 和维数信息 dim_vec_r。在 wavedec_process 子函数中采用 MATLAB 自带的 wfilters 函数获取分解滤波器，采用 dwt2_process 函数和滤波器对图像进行分解得到低频、水平高频、垂直高频和对角高频四个方向的小波子带，具体代码如下。

```
function [cf_vec, dim_vec]=wavedec_process(img, num, wave_
name)
    [lf, hf]=wfilters(wave_name, 'd');   % 获取分解滤波器
    x=double(img);
    cf_vec=[];
    dim_vec=size(x);
    for i=1 : num
        [ya, yv, yh, yd]=dwt2_process(x, lf, hf);
        tmp={yv; yh; yd};
        dim_vec=[size(yv); dim_vec];
        cf_vec=[tmp; cf_vec];
        x=ya;
    end
    cf_vec=[ya; cf_vec];
end
```

（5）小波重构。

小波重构函数 waverec_process 通过接收小波分解所得到的系数矩阵、维度信息、小波函数类型以及参数设置中预设的阈值在解码端完成图像重构。与小波分解相对应，在 waverec_process 子函数中依然采用相同的 wfilters 函数构建重构滤波器，对于高频部分绝对值低于阈值 th 的小波系数直接赋值为 0，这样可以去除部分非重要系数的冗余信息，以达到图像压缩的目的，在完成小波系数重构后将其转换为图像数据格式即可得到压缩重构后的图像 y_r，具体代码如下。

```
y_r=waverec_process(cf_vec_r, dim_vec_r, wave_name, th);
function x=waverec_process(cf_vec, dim_vec, wave_name, th)
```

```
[lf, hf]=wfilters(wave_name, 'r');
dn=3;
num= (length(cf_vec)-1)/dn;
ya=cf_vec{1};
for i=1 : num
% 对高频部分进行重构
    yv=cf_vec{(i-1)* 3+ 2};
    yh=cf_vec{(i-1)* 3+ 3};
    yd=cf_vec{(i-1)* 3+ 4};
    yv(abs(yv)< th)=0;
    yh(abs(yh)< th)=0;
    yd(abs(yd)< th)=0;
% 对低频部分进行重构
    ya=idwt2_process(ya, yv, yh, yd, lf, hf, dim_vec(i+ 1,:));
    end
x=im2uint8(mat2gray(ya)); % 转换数据格式
end
```

在完成 R、G、B 三个通道的分解与重构后,对三个重构分量进行合并即可得到原始彩色锈蚀图像在小波分解与重构后的图像 y,合并后代码如下所示。

```
y(:,:,1)=y_r;
y(:,:,2)=y_g;
y(:,:,3)=y_b;
y=uint8(y);
```

(6) 评价指标。

分别计算原始图像和压缩重构后图像的图像压缩比、峰值信噪比和结构相似度等指标,具体代码如下。

```
% 获取原始图像的存储空间大小,保证图像格式为 png 格式。
imwrite(x,['.\outputset\',im_name,'.png']);
fileSizeIn=dir(['.\outputset\',im_name,'.png']);
imwrite(img_wt,['.\outputset\',im_name,'_',wave_name,'_',
num2str(th),'.png']);
% 获取压缩重构之后图像的存储空间大小
```

```
fileSizeOut=dir(['.\outputset\',im_name,'_',wave_name,'_',
num2str(th),'.png']);
```

metrics.name=im_name;% 图像名称

metrics(k-2).cr=fileSizeIn.bytes / fileSizeOut.bytes;% 图像压缩比指标

metrics(k-2).mse=mean(mse(x,img_wt));% 均方根指标

metrics(k-2).psnr=psnr(x,img_wt);% 峰值信噪比指标

metrics(k-2).ssim=ssim(x,img_wt);% 结构相似度指标

metrics(k-2).time=toc;% 时间复杂度指标

（7）案例测试。

通过上述小波分解与重构对 10 张锈蚀图像进行测试,设置小波分解层数为 3 层,采用 haar 小波函数,预设的全局阈值为 10,基于小波变换的锈蚀图像压缩结果如表 4-3 所示。从表 4-3 中可以看出,采用小波变换进行图像压缩时,单张图片的平均运行时间为 3.846 s,平均图像压缩比为 1.335,平均峰值信噪比为 31.105 dB,不同测试图像的指标参数波动幅度较大。

表 4-3 基于小波变换的锈蚀图像压缩结果

原始图像	图像压缩比	峰值信噪比/dB	结构相似度	运行时间/s
156_I6	1.417	34.397	0.973	4.594
195_I1	1.257	32.354	0.973	3.727
206_I1	1.478	30.134	0.969	3.733
210_I1	1.053	17.908	0.859	3.973
239_I7	1.518	28.123	0.912	3.897
256_I1	1.133	33.387	0.961	3.698
377_I3	2.094	33.807	0.993	3.708
588_I3	1.113	33.392	0.990	3.697
604_I7	1.058	33.208	0.987	3.710
619_I3	1.227	34.343	0.952	3.723
平均值	1.335	31.105	0.957	3.846

进一步对比分析不同参数下基于小波变换的锈蚀图像压缩效果,在本案例中依次将全局阈值设置为 10、20、40 和 80,保持 haar 小波函数进行 3 层分解与重构,从原始锈蚀图像数据集选取 156_I6、206_I1、210_I1、377_I3 和 619_I3 这 5 张图像进行压缩测试,结果如图 4-10 所示。

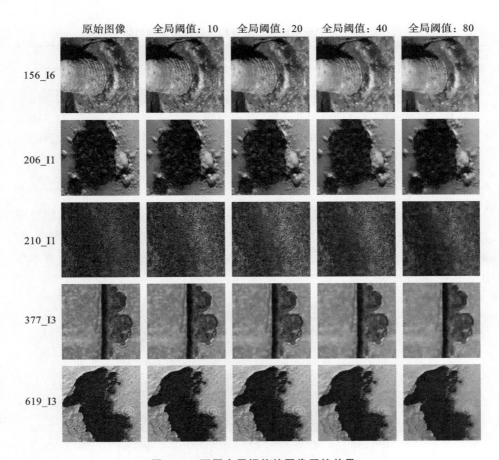

图 4-10　不同全局阈值的图像压缩效果

从图 4-10 中可以看出，对于同一锈蚀图像，全局阈值越小则重构图像中细节丢失越少、质量越高，但是其图像压缩比指标也越小；随着全局阈值的增大，图像的细节信息丢失也越来越多，图像质量也越低。对于不同锈蚀图像，其压缩重构的效果存在较大差异，图像 210_I1 在图像压缩后出现明显失真，即使全局阈值设置为 10，其重构图像仍然与原始图像存在较大的色差，图像整体色调发生了畸变。图像 619_I3 在图像压缩后细节丢失较少，当全局阈值为 10 和 20 时重构图像质量相对较高，而当全局阈值为 40 时重构图像出现较为明显的失真。从整体上看，当全局阈值达到 40 时，压缩后的重构图像均出现较大幅度的失真与畸变。结合不同全局阈值下的重构图像存储空间对比（见表 4-4），可以得知采用全局阈值为 10 进行小波图像压缩时既能够获得较大的压缩比，同时又能够兼顾图像质量与峰值信噪比。

表 4-4　不同全局阈值下的重构图像存储空间对比

原始图像	存储空间	全局阈值			
		10	20	40	80
156_I6	112kB	79.5kB	50.6kB	26.7kB	12.5kB
206_I1	108kB	73.3kB	45.3kB	24.5kB	12.4kB
210_I1	146kB	139kB	95.3kB	52.1kB	23.4kB
377_I3	78.9kB	37.7kB	23.4kB	13.6kB	8.01kB
619_I3	139kB	113kB	71.8kB	32.2kB	12.9kB

以图像 156_I6 为例,设置全局阈值为 10,采用 haar 小波函数进行三层分解与重构,以 R 分量为例,对其进行小波分解后得到 1 个低频近似分量、3 个高频垂直细节分量、3 个高频水平细节分量和 3 个高频对角线细节分量,其小波系数塔式如图 4-11 所示。

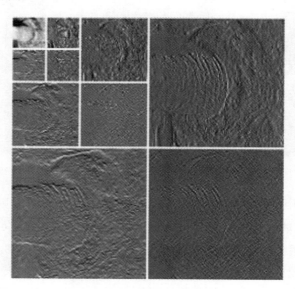

图 4-11　图像 156_I6 中 R 分量的小波系数塔式

对比图像 156_I6 的原始图像和压缩重构后的图像可知,R 分量重构后的图像在视觉上并没有出现明显的失真与畸变(图 4-12),其峰值信噪比为 33.91,结构相似度达到 0.962。而对于彩色图像 156_I6,其图像压缩后的彩色图像峰值信噪比为 34.397,结构相似度为 0.973;但是在存储空间上,原始图像的储存空间大小为 112kB,而压缩重构后的图像储存空间仅有 79.5kB,图像压缩比达到

1.408,能够节约将近 30％的存储空间,由此节约了图像储存和传输所需的资源,在一定程度上缓解硬件设备压力。

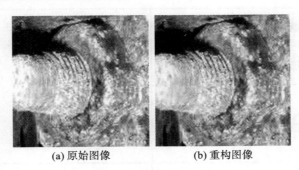

(a) 原始图像　　　　　　　　(b) 重构图像

图 4-12　图像 156_I6 中 R 分量的图像压缩结果

4.3　基于小波与嵌入式零树编码的锈蚀图像压缩

由前文中图像压缩案例可以看出,基于小波变换的锈蚀图像压缩方法效果不甚理想,其主要原因是直接采用全局阈值系数去除部分小波系数的方法,会导致图像部分重要信息丢失而无法重构复原。因此,为获得质量较高的压缩图像,可以考虑采用嵌入式零树编码对小波分解后的系数进行量化,利用不同分辨率、不同方向子带之间小波系数的相似性构造零树结构,按照分解层数逐层判定重要系数并通过阈值减半策略对小波系数进行逐次扫描排序以完成渐进式量化编码,从而实现对静止图像的高质量压缩。

4.3.1　基本理论

图像经过小波变换后会分解为不同尺度下的一系列子图,这些子图在不同方向、不同尺度下都呈现出较强的带间相关特性,而这种强相关性可以采用零树结构表示,以三层小波分解为例,其零树结构如图 4-13 所示。从图 4-13 可以看出,图像被三层小波分解后形成的小波零树由 1 个低频子带 LL、3 个水平高频子带 HL、3 个垂直高频子带 LH 以及 3 个对角高频子带 HH 共同构成。图中箭头由父带指向子带,零树的父系数为粗尺度上的小波系数,子系数为较细尺度上的小波系数,最低频子带 LL_3 是零树的根节点,属于同分辨率中其他 3 个节点的父系数,因此每棵零树是由 1 个父系数和 3 个子系数组成,而这些子系数又可以分别作为父系数对应 3 个子系数,由此依次延续直到达到分解层数。

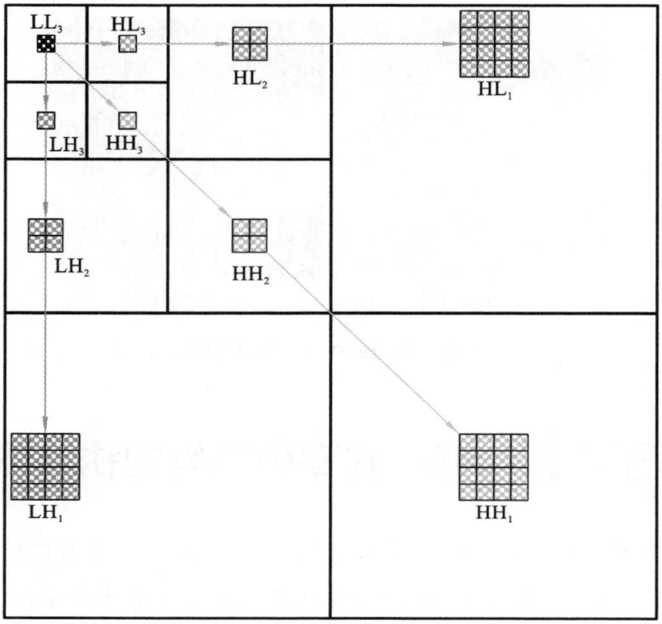

图 4-13 三层小波分解的零树结构

在同一棵零树中,父系数的绝对值通常比子系数的绝对值大,而当某频带上的小波系数不重要时,那么其更高频子带对应的子系数通常也被认为是不重要的,因此在进行量化编码时可以忽略这些系数并做置零处理,以提高编码效率,从而达到图像压缩的目的。对于给定的阈值 T,小波分解后的系数可以分为以下 4 类。

(1) 正重要系数(POS):当前小波系数 x 满足 $|x| \geqslant T$,且 $x > 0$,则称小波系数 x 是对于阈值 T 的正重要系数。

(2) 负重要系数(NEG):当前小波系数 x 满足 $|x| \geqslant T$,且 $x < 0$,则称小波系数 x 是对于阈值 T 的负重要系数。

(3) 孤立零点(IZ):当前小波系数 x 满足 $|x| < T$,且在该系数的所有子系数中存在重要系数,则称小波系数 x 是对于阈值 T 的孤立零点。

(4) 零树根(ZTR):当前小波系数 x 满足 $|x| < T$,但是该系数的所有子系数中均不存在重要系数,则称小波系数 x 是对于阈值 T 的零树根。

零树结构能够更加有效地从小波变换系数矩阵中分离出重要系数,而零树根的出现可以减少运算量，从而提升量化编码效率。

4.3.2 流程步骤

嵌入式零树编码应用于图像压缩时，首先将原始图像通过小波变换转换到变换域中，然后对小波系数进行扫描、量化、分类以及排序，最后经过编码和后处理将数据流转换为占用空间小且传输速度快的比特流进行输出。为了更好地实现图像的嵌入式编码，嵌入式零树编码算法采用逐次逼近量化编码（successive approximation quantization，SAQ），通过阈值序列对小波系数矩阵进行多次扫描，依照重要程度对小波系数依次编码。嵌入式零树编码流程如图 4-14 所示。

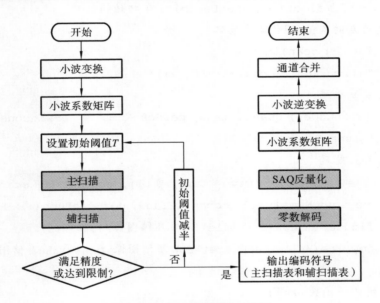

图 4-14 嵌入式零树编码流程

4.3.3 案例分析

由于前文已经结合具体案例分析了基于小波变换的锈蚀图像压缩方法，下面将结合锈蚀数据集重点介绍嵌入式零树编码对小波系数的量化过程，使读者能够结合小波变换和零树编码的案例拓展锈蚀图像压缩方法。

（1）主函数。

在主函数中，cAll 为小波分解后得到的小波系数，采用 size 函数获取图像尺寸并将其转为全局变量以便子函数直接使用,通过小波系数最大值计算初始阈值,ezwEncode 为编码子函数,ezwDecode 为解码子函数,scanTimes 为设置的扫描次数,Y 即为经过嵌入式零树编码压缩后的重构图像。具体代码如下。

```
%% 获取图像尺寸
global row col % 转为全局变量
[row, col] = size(cAll);
%% 获取阈值
maxDecIm = max(max(abs(cAll))); % 最大值
T = zeros(1, scanTimes);
T(1) = 2 ^ floor(log2(maxDecIm)); % 初始阈值
% 其他层的阈值,阈值减半策略
for i = 2 : scanTimes
    T(i) = abs(floor(T(i-1) / 2));
    %% 编码
    [scanCodes, quantiFlags, perScanNums] = ezwEncode(cAll,
    T, scanTimes);
    %% 解码
    Y = ezwDecode(wave_name, T(1), scanTimes, scanCodes,
    perScan Nums(:, 1)', quantiFlags, perScanNums(:, 2)');
    figure;imshow(Y);title('EZW 压缩图像');% 可视化
    imwrite(Y,['.\outputset\EZW 压缩图像.png']);% 存储图片
end
```

(2) 编码子函数 ezwEncode。

在编码子函数中,输入变量为小波系数表 cAll,阈值 T 和扫描次数 scanTimes,输出变量中 scanCodes 为每次主扫描的内容集合,quantiFlags 为每次辅扫描生成的重要系数标志集合,perScanNums 用于记录每次扫描的 scanCode 个数与 quantiFlag 个数,其中 perScanNums$(1,1)$ 是扫描次数,perScanNums$(1,2)$ 是初始阈值,接着每行 2 个值记录 scanCode 个数与 quantiFlag 个数。

mainScan 为主扫描函数,其主要作用是按照"Z"形扫描次序,将当前小波系数与阈值 T 进行比较,结合零树结构中对小波系数的四种分类结果输出 P、N、Z、T 四种编码符号。其中 scanList 为扫描次序表 n 行 4 列,每一列分别对应序

号、行号、列号和对应系数值；flagList 为扫描标记表，大小与系数矩阵一样，记录每个系数的符号类型；imptValue 为重要系数值列表；imptFlag 为重要系数的符号标志。在主扫描过程中采用主表记录输出符号，第 i 次扫描结束后将重要系数（P 和 N）存储到主扫描表中，并将该系数对应的位置进行置零处理，当下一次阈值减半后再次进行扫描时直接跳过该位置。

assistScan 为辅扫描函数，其主要作用是通过构造量化器实现对主扫描表中重要系数的量化编码，从而进一步提高重要系数在解码阶段重构值的精度，在量化器中量化区间最大值为当前阈值的两倍，最小值等于当前阈值。其中quantiList 为量化矩阵 n 行 5 列，每一列分别表示为重要系数、量化标志（1 或 0）、量化值、行号和列号；quantiFlag 为扫描序列对应的量化表；recvalue 为重要系数表；quantifierMat 为量化器。在辅扫描中，当重要系数处于 $T_{i-1} \sim 1.5T_{i-1}$ 时，将其量化为 0，在重构时设置重构值为 $1.25T_{i-1}$；当重要系数处于 $1.5T_{i-1} \sim 2T_{i-1}$ 时，将其量化为 1，在重构时设置重构值为 $1.75T_{i-1}$。具体代码如下。

```
% 编码子函数
function [scanCodes, quantiFlags, perScanNums] = ezwEncode
(cAll, T, scanTimes)
% 获取扫描次序表
global row col;
scanList=morton(cAll);
% 初始化
flagList(1 : row, 1 : col)='Z';
imptValue=[];imptFlag=[];perScanNums=[];quantiFlags=[];
% 每次扫描前置空
scanCodes='';% 保存每次主扫描的 scanCode
    for i=1 : scanTimes
        % 主扫描
        [imptValue, imptFlag, scanCode, flagListBak,flagList]
        = mainScan(cAll, scanList, flagList, imptValue, imptFlag,
        T(i));
        scanCodes=[scanCodes scanCode];
        % 辅扫描
        [quantiList, quantiFlag, recvalue, quantifierMat]=
```

```
    assistScan(imptValue, i, T(1));
    quantiFlags=[quantiFlags quantiFlag'];
    perScanNums=[perScanNums ; length(scanCode) length
    (quantiFlag)];
  end
% 编码输出
end
```

（3）解码子函数 ezwDecode。

在解码子函数中，输入小波函数名称为 wave_name，初始阈值 $T1$，扫描次数 scanTimes；输出变量中，cAllDecode 为重构之后图像的小波系数，后续可以通过对应的小波逆变换函数 waverec2 将 cAllDecode 转换为重构图像 Y。

decoding 为解码函数，其主要作用是完成反量化和解码任务。其中 cAllDecode 为系数矩阵，flagMat 表示系数矩阵每个点对应的类型，antiQuantiMat 为反量化器，quantiflag 表示扫描序列对应的量化值，rIlist 表示 quantiflag 对应的等级，scanorder 为扫描序列，scNum 和 qrNum 表示当前执行到 quantiflag 的序号。具体代码如下。

```
% 解码子函数
function [Y, cAllDecode]=ezwDecode(wave_name, T1, scanTimes,
ScanCodes, LenSubCL, quantiFlags, LenSubQFL)
global row col
recvalue=[];rIlist=[];quantiFlagOld=[];
scanorder=listOrder(row, col, 1, 1);
flagMat(1 : row, 1 : col)='Z';% 设置扫描方式
for level=1 : scanTimes
    % 取当前层的扫描表与量化标志表，用类似队列的方式取出
    scancode=ScanCodes(1 : LenSubCL(level));
    ScanCodes=ScanCodes(LenSubCL(level)+1 : end);
    quantiflag=quantiFlags (1 : LenSubQFL(level));
    quantiFlags=quantiFlags (LenSubQFL(level)+1 : end);
    cAllDecode(1 : row, 1 : col)=0;
    qrNum=1;% 记录 quantiflag 到第几个
    scNum=1;% 记录 scancode 到第几个
```

```
% 获取逆量化器, 更新上级精度, 解码
[antiQuantiMat, rIlist, quantiFlagOld]=antiquantifier
(T1, level, rIlist, quantiflag, quantiFlagOld);
[cAllDecode, recvalue, qrNum]=updateRecvalue(cAllDecode,
recvalue, qrNum, quantiflag, antiQuantiMat, rIlist);
[cAllDecode,flagMat,recvalue]=decoding(cAllDecode,
flagMat, recvalue, antiQuantiMat, quantiflag, rIlist,
scanorder, scancode, scNum, qrNum);
global s;
    c=mat2c(cAllDecode, s);
    Y=waverec2(c, s, wave_name);
    Y=uint8(Y);
end
end
```

（4）案例测试。

通过上述嵌入式零树编码算法对 10 张锈蚀图像进行测试，设置小波分解层数为 3 层，采用 haar 小波函数，设置扫描次数为 8 次，测试结果如表 4-5 所示。从表 4-5 中可以看出，采用嵌入式零树编码进行图像压缩时，单张彩色图像的平均运行时间为 31.680 s，平均图像压缩比 1.263，平均峰值信噪比达到39.320 dB，平均结构相似度 0.993。对比基于小波变换的锈蚀图像压缩方法，嵌入式零树编码算法对小波系数进行了量化编码，能够更加细致地保留重要系数并通过零树结构去除冗余信息，算法精细度和复杂度较高，因此图像压缩后重构图像的质量提升幅度较大。

表 4-5　基于嵌入式零树编码的锈蚀图像压缩结果

原始图像	图像压缩比	峰值信噪比/dB	结构相似度	运行时间/s
156_I6	1.350	38.785	0.992	29.989
195_I1	1.214	38.990	0.995	32.157
206_I1	1.388	38.922	0.994	27.444
210_I1	1.002	43.415	0.999	52.183
239_I7	1.408	38.309	0.992	27.192
256_I1	1.088	39.039	0.995	31.653

续表

原始图像	图像压缩比	峰值信噪比/dB	结构相似度	运行时间/s
377_I3	1.899	39.965	0.997	25.509
588_I3	1.084	38.714	0.995	34.144
604_I7	1.034	38.867	0.995	30.041
619_I3	1.167	38.189	0.978	26.488
平均值	1.263	39.320	0.993	31.680

为进一步分析比较不同扫描次数下嵌入式零树编码图像压缩的效果,将扫描次数逐步从 1 增加至最大值(小波分解后子带数量 $=3n+1$,n 为小波分解层数)。在本案例中保持 haar 小波函数进行 3 层分解与重构,因此扫描次数最大值为 10,从原始图像中选取原始图像 206_I1 进行压缩测试,其测试结果如下图 4-15 所示。

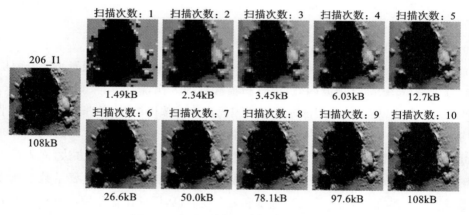

图 4-15 不同扫描次数的图像压缩效果

从图 4-15 中可以看出,对于同一锈蚀图像,扫描次数较少时,其重构图像中细节丢失较多且存在较强的像素块效应,重构后的图像只能反映出原始图像中物体主体的轮廓和色调,但是其存储空间非常小;随着扫描次数的增加,其重构图像的像素块效应逐步减弱,图像质量越来越高,但是其存储空间也越来越大;当扫描次数达到 8 次时,其重构图像的质量逐步提升,边界块效应得以进一步抑制,使得图像也愈发清晰,人眼难以区分其与原始图像的微弱差别;而当扫描次数为 9 和 10 时,其图像峰值信噪比提升幅度较小且存储空间指标明显大幅上升。结合表 4-6 中不同扫描次数下重构图像的评价指标对比可以得知,在解码端选用扫描次数为 8 次时既能够节省较大的存储空间并获得压缩比指标,同时又可以兼顾图像质量和峰值信噪比。

表 4-6　不同扫描次数下重构图像的评价指标对比

扫描次数	压缩比	峰值信噪比/dB	结构相似度	运行时间/s
1	72.48322	12.02933	0.352326	5.25333
2	46.15385	17.97061	0.654869	9.33419
3	31.30435	21.39323	0.791400	43.55129
4	17.91045	23.56986	0.844432	65.63569
5	8.50394	25.94188	0.896802	70.76490
6	4.06015	29.08914	0.946583	80.71217
7	2.16000	33.30842	0.97869	85.55291
8	1.38284	38.92154	0.994027	114.33070
9	1.10656	45.04556	0.998605	160.72340
10	1	51.19087	0.999669	198.50440

4.4　本章小结

图像压缩技术可通过约简原始图像的冗余信息来降低原始图像显示所需的比特数。通过图像压缩可以节省存储空间,提升图像传输和图像处理的速度和稳定性,实现信息的高效传输和处理。本章针对锈蚀图像数据占用存储空间大、处理速度慢等问题,设计了基于主成分分析的锈蚀图像压缩和基于小波变换的锈蚀图像压缩方法,重点阐述了不同图像压缩方法的处理流程和详细程序,并采用公开的锈蚀图像数据集验证不同方法的有效性。在保证压缩后的图像质量的前提下,基于小波变换的锈蚀图像压缩方法能够有效降低图像的储存空间,提高锈蚀图像的处理效率。

第5章　锈蚀图像的特征增强方法

在锈蚀图像的采集过程中,由于外界环境因素干扰、自然光源分布不均、机械系统不稳定等因素,不可避免会导致锈蚀图像中含有噪声。这种含噪图像给后续的锈蚀图像目标区域分割和锈蚀等级评估带来了一定困难。为了更好地计算不规则锈蚀区域的面积并对锈蚀区域的锈蚀程度进行科学评估,需要对原始采集的锈蚀图像的锈蚀区域进行特征增强处理,突出图像中人们感兴趣的目标特征,削弱或去除某些不需要的噪声信息,改善图像质量,使特征增强处理后的锈蚀图像比原始图像更适合人的观察或机器的识别。

需要说明的是特征增强处理并没有增加原始锈蚀图像中的信息,只是增强了锈蚀特征信息,使其能够更容易被人或机器辨别,对原始图像而言,特征增强甚至有可能还损失了一些图像信息。在这个过程中,人们根据自己的主观偏好来选择、确定锈蚀图像的特征增强方法,没有通用的图像特征增强模式,应根据期望的处理效果做出取舍。

图像特征增强技术主要分为两大类——空间域增强和频率域增强,这两种技术是从两种截然不同的角度来实现图像特征增强。锈蚀图像采集的光照环境往往受制于其他物体的阴影遮挡,所采集的实际锈蚀图像以低照度锈蚀图像居多。低照度锈蚀图像存在整体亮度不均、细节特征模糊、对比度偏低等特质。这种低照度锈蚀图像的特征失真往往也会影响到后续锈蚀图像区域分割和锈蚀等级评估的精确度,因此需要对其进行特征增强处理。针对低照度锈蚀图像,主要采用频率域增强技术来进行特征增强。本章首先介绍低照度图像特征增强的一般理论,随后再详细介绍基于小波和 Retinex 理论进行锈蚀图像特征增强的详细步骤和程序代码。

5.1　锈蚀图像的颜色空间转换

根据国家标准 GB/T 8923.1—2011 中规定的钢材锈蚀程度的锈蚀等级样图,所有的锈蚀等级样图均为彩色图像,因此,在实际的锈蚀图像采集过程中采集的也是彩色图像。

计算机中的任何颜色都可以由 3 种基本颜色(红、绿、蓝)按不同比例混合而成,每种基色的取值范围是 0~255,任何混合色也都可以分解为这 3 种基本颜色,这就是三原色原理。混合色的饱和度由这 3 种基本颜色的比例来决定,混合色的亮度为这 3 种基本颜色的亮度之和。这 3 种基本颜色相互独立,任何 1 种基本颜色都不能由其余 2 种颜色来合成。

为了精确标定并简化颜色合成规则,通常采用颜色空间来规范描述颜色合成规则,最简单的颜色空间可以看作一种特定坐标系统,位于坐标系统中的每种颜色都由坐标空间中的单个点来表示。目前广泛使用的颜色空间模型有很多,如针对彩色监视器的 RGB(红、绿、蓝)模型,面向彩色打印机的 CMY(青、深红、黄)模型,HSI(色调、饱和度、亮度)模型,HSV 模型,VUV 模型,YIQ 模型,Lab 模型等。根据低照度锈蚀图像的特点,在此重点介绍 RGB 颜色空间模型、HSI 颜色空间模型及这两种颜色空间转换的基本原理。

(1) RGB 颜色空间。

RGB 颜色空间模型是目前运用最广的颜色空间模型之一,在 RGB 颜色空间中,每一种颜色都可以用红、绿、蓝三种原色分量表示,其空间表示为基于笛卡尔坐标系的立方体,每条边的取值范围为 0~255,原点(即三个分量都为 0 的点)为黑色,坐标轴三个顶点的坐标为红(255,0,0)、绿(0,255,0)、蓝(0,0,255)。空间中每一个点代表一种颜色,由 R、G、B 三个分量的值表示,如在所有颜色均已归化至 0~1 的情况下,蓝色可表示为(0,0,1),灰色可表示为(0.5,0.5,0.5)。RGB 颜色空间的硬件实现很理想,常用于摄像机等产品中,但对人眼的视觉描述不是特别适合。RGB 颜色空间模型如图 5-1 所示。

(2) HSI 颜色空间。

为了从人眼的视觉角度更好地描述色彩的视觉感观,HSI 颜色空间被提出来。HSI 颜色空间包含 3 个基本特征量,分别是色调(H)、饱和度(S)、亮度(I)。色调是人们主观上的颜色感觉,比如人们认为某一种颜色为红、橙、黄,这就是色调,它是由物体反射光线中占优势的波长决定的。饱和度是指颜色的深浅和浓淡程度,饱和度越高,颜色越深。亮度是指人眼感觉光的明暗程度,光的能量越大,亮度越大。

HSI 颜色空间可以用两个圆锥组合的空间模型来描述,如图 5-2 所示。图 5-2 中圆锥中间的横截面圆就是色度圆(色调和饱和度),而圆锥向上或向下延伸的便是亮度分量。由于人眼对亮度的敏感程度远强于对色度的敏感程度,为了便于颜色处理和识别,人的视觉系统经常采用 HSI 颜色空间。在 HSI 颜色空

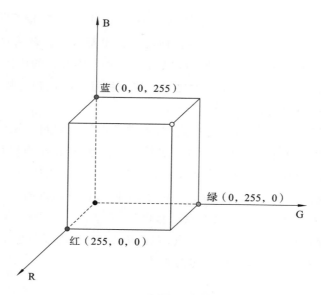

图 5-1　RGB 颜色空间模型

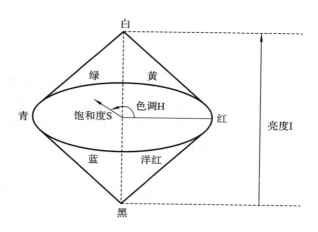

图 5-2　HSI 颜色空间模型

间中,可以将颜色的亮度分量、色调和饱和度分量进行分离,去除亮度分量,也就削弱了光照强度对色度的影响。HSI 颜色空间比 RGB 颜色空间更符合人眼对色彩的视觉感知特性。由于 HSI 颜色空间中亮度、色调和饱和度具有可分离特性,图像处理和机器视觉中大量灰度处理算法都可在 HSI 颜色空间中使用,这对处理变光照或者低光照的锈蚀图像非常有利。

(3) RGB 与 HSI 颜色空间的转换。

由于 HSI 颜色空间和 RGB 颜色空间只是对同一对象的不同表示方法,HSI

颜色空间的三个基本特征量都可以根据 RGB 颜色空间的立方体求得,因此,可以实现任意点在 RGB 颜色空间和 HSI 颜色空间之间的转换。对给定 RGB 颜色空间格式的图像,每一个 HSI 颜色空间像素分量可用式(5-1)表示。

$$
\begin{cases}
I = \dfrac{1}{3}(R + G + B) \\[2mm]
S = \begin{cases} 0, I = 0 \\[2mm] 1 - \dfrac{3}{R + G + B}\big[\min\{R, G, B\}\big], I \neq 0 \end{cases} \\[4mm]
H = \begin{cases} \theta, G \geqslant B \\ 2\pi - \theta, G < B \end{cases} \quad \theta = \cos^{-1}\left[\dfrac{\big[(R - G) + (R - B)\big]}{2\sqrt{(R - G)^2 + (R - B)(G - B)}}\right]
\end{cases}
\tag{5-1}
$$

对给定 HSI 颜色空间格式的图像,每一个 RGB 颜色空间像素分量可用式(5-2)表示。

$$
\begin{cases}
0° \leqslant H < 120°:\begin{cases} B = I(1 - S) \\[2mm] R = I\left[1 + \dfrac{S\cos H}{\cos(60° - H)}\right] \\[2mm] G = 3I - R - B \end{cases} \\[10mm]
120° \leqslant H < 240°:\begin{cases} R = I(1 - S) \\[2mm] G = I\left[1 + \dfrac{S\cos(H - 120°)}{\cos(180° - H)}\right] \\[2mm] B = 3I - R - G \end{cases} \\[10mm]
240° \leqslant H \leqslant 360°:\begin{cases} G = I(1 - S) \\[2mm] B = I\left[1 + \dfrac{S\cos(H - 240°)}{\cos(300° - H)}\right] \\[2mm] R = 3I - G - B \end{cases}
\end{cases}
\tag{5-2}
$$

5.2　空间域锈蚀图像特征增强

5.2.1　直方图均衡化

直方图均衡化又称为灰度均衡化,它是一种以图像灰度级 r 为基础的图像增强方法,其主要作用是将原始图像不均匀的灰度直方图分布通过某种数学公式的灰度映射转化为在每一灰度级上分布较均匀的直方图分布。在经过均衡化处理后的图像中,像素将占有尽可能多的灰度级并且分布均匀,以此来扩大图像灰度级动态分布范围,增强图像目标的对比度,改善图像的视觉效果。在直方图均衡化中,图像在灰度级 r 范围内的累积分布函数 s 可表示为式(5-3)。

$$s = T(r) = \int_0^r p_r(\omega)\mathrm{d}\omega \tag{5-3}$$

式中,$p_r(\omega)$ 为原始图像在灰度级 ω 上的概率密度函数,$T(r)$ 为满足灰度映射关系的转换函数。

一幅灰度等级个数为 L 的数字图像,其直方图为离散函数。式(5-3)可改写为式(5-4)。

$$s = T(r) = \sum_{i=0}^{L} p_r(r_i) = \sum_{i=0}^{L} \frac{n_i}{N} \tag{5-4}$$

式中,r_i 为图像第 i 级灰度,n_i 为图像灰度级 r_i 上的像素点的个数,N 为图像的像素点总个数。

变换函数 $T(r)$ 应满足如下要求:$0 \leqslant r \leqslant 1$ 时,s 值随 r 值单调递增且为单值,其取值范围为 $0 \leqslant s \leqslant 1$。$s$ 值要满足单值的条件是为了保证避免出现灰度反转的情况,使变换前后的相对灰度尽量保持不变,保证对图像的识别和判断不产生影响。同时,单调递增条件也保证了按顺序输出图像灰度,不会出现亮度反转的情况。离散变换通常无法像连续变换那样得到严格的均匀概率密度函数,但是它能在图像灰度级精度范围上得到高度近似的均匀直方图。

5.2.2 伽马校正

伽马校正就是对图像的伽马曲线进行非线性处理的过程,能够提高图像的对比度。其表达式为式(5-5)。

$$f(I) = I^\gamma \tag{5-5}$$

图像处理过程中,伽马校正的实现分为以下三步。

(1)归一化:将图像像素值转化为 0~1 之间的数值,可以表示为 $\frac{i+0.5}{256}$。

(2)预补偿:对归一化的数值进行预补偿处理,即 $\left(\frac{i+0.5}{256}\right)^\gamma$。

(3)反归一化:将预补偿后得到的数值进行反归一化处理,使其值恢复到 0~255 范围内。

5.3　频率域锈蚀图像特征增强

5.3.1　小波图像特征增强原理

（1）基础理论。

小波变换是在短时傅里叶变换思想上的进一步拓展，克服了短时傅里叶变换不能自适应调节窗口大小进行信号局部分析的局限性。小波变换通过对信号进行多尺度细化处理，能够实现对信号细节信息的自适应聚焦，在时域和频域具有表征信号局部特征和多分辨率分析的能力。

小波变换实现图像特征增强的一般步骤如图 5-3 所示。首先将输入图像进行多层小波分解，获得图像在各个尺度下的高频和低频子图。然后根据需求设计相应的系数处理函数，对小波系数进行调整，再利用处理后的小波系数进行重构，得到特征增强后的图像。在整个流程中，最为关键的是小波函数的选取、小波分解层数的确定以及小波系数处理函数的设计。

图 5-3　小波变换实现图像特征增强的一般步骤

（2）小波分解与重构。

对于函数 $f(x)$ 的一维小波展开可以根据小波函数 $\psi(x)$ 和尺度函数 $\varphi(x)$ 确定，见式（5-6）至式（5-8）。

$$f(x) = \sum_k c_{j_0}(k)\varphi_{j_0,k}(x) + \sum_{j=j_0}^{\infty}\sum_k d_j(k)\psi_{j,k}(x) \tag{5-6}$$

$$d_j(k) = \int f(x)\psi_{j,k}(x)\,\mathrm{d}x \tag{5-7}$$

$$c_{j_0}(k) = \int f(x)\varphi_{j_0,k}(x)\,\mathrm{d}x \tag{5-8}$$

式中，$c_{j_0}(k)$ 为尺度系数；$d_j(k)$ 为细节系数。

对于离散信号，小波变换如式（5-9）至式（5-11）所示。

$$f(x) = \frac{1}{\sqrt{M}}\sum_k W_\varphi(j_0,k)\varphi_{j_0,k}(x) + \frac{1}{\sqrt{M}}\sum_{j=j_0}^{\infty}\sum_k W_\psi(j,k)\psi_{j,k}(x),j > j_0 \tag{5-9}$$

$$W_\psi(j,k) = \frac{1}{\sqrt{M}}\sum_x f(x)\psi_{j,k}(x) \tag{5-10}$$

$$W_{\varphi}(j_0,k) = \frac{1}{\sqrt{M}} \sum_x f(x)\varphi_{j_0,k}(x) \qquad (5\text{-}11)$$

将一维变换扩展到二维变换，假设二维连续信号为 $f(x,y) \in L^2(x,y)$，二维小波的母函数为 $\psi(x,y)$，则二维连续小波变换如式（5-12）所示。

$$W_{\psi}f(a,b,c) = \frac{1}{a}\iint f(x,y)\psi\left(\frac{x-b}{a},\frac{y-c}{a}\right)\mathrm{d}x\mathrm{d}y \qquad (5\text{-}12)$$

图像通过计算机进行处理时，通常是作为二维离散信号来处理的，因此需要将连续小波变换离散化。令 $a = a_0^{-j}$，$b = k_1 b_0 a_0^{-j}$，$c = k_2 c_0 a_0^{-j}$，其中 a_0,b_0,c_0 为常数，$j,k_1,k_2 \in \mathbf{Z}$，则二维离散小波变换如式（5-13）所示。

$$\mathrm{DWT}(j,k_1,k_2) = a_0^j \sum_{l_1} \sum_{l_2} f(l_1,l_2)\psi(a_0^j l_1 - k_1 b_0, a_0^j l_2 - k_2 c_0), l_1,l_2 \in \mathbf{Z}$$

$$(5\text{-}13)$$

令式（5-13）中 $a_0 = 2$，$b_0 = c_0 = 1$，则得到式（5-14）。

$$\mathrm{DWT}(j,k_1,k_2) = a_0^j \sum_{l_1} \sum_{l_2} f(l_1,l_2)\psi(2^j l_1 - k_1, 2^j l_2 - k_2), l_1,l_2 \in \mathbf{Z} \quad (5\text{-}14)$$

在小波变换中，小波系数的求解是一个难点。1989 年，Mallat 在多分辨率分析的基础上引入离散快速正交小波变换，即 Mallat 算法。Mallat 算法避免了传统小波变换中繁杂的计算，提高了小波变换的处理速度。

根据 Mallat 小波变换的快速分解算法，该算法利用小波变换的多尺度特性分析，受到塔式算法思想的启发，将信号分解为表示细节分量的高频系数和表示近似分量的低频系数，所以数字图像在每个分解层得到 1 个低频近似子图和 3 个高频细节子图，故图像 $f(x,y)$ 经小波分解后可表示为式（5-15）。

$$f(x,y) = \sum_{k,l} C_{J+1,k,l}\varphi_{J+1,k,l} = \sum_{k,l} C_{J,k,l}\varphi_{J,k,l} +$$
$$\sum_{k,l} V_{J,k,l}\psi^1{}_{J,k,l} + \sum_{k,l} H_{J,k,l}\psi^2{}_{J,k,l} + \sum_{k,l} D_{J,k,l}\psi^3{}_{J,k,l} \qquad (5\text{-}15)$$

式（5-15）等式右边各项依次为低频子图像、垂直方向高频子图像、水平方向高频子图像和对角线高频子图像。式中，C 为图像的低频近似系数；V,H,D 为高频细节系数；J 为分解层数；$k,l \in \mathbf{Z}$ 为低频近似系数矩阵 $\mathbf{C}_{J+1,k,l}$ 的行、列；$\varphi(x,y)$ 和 $\psi(x,y)$ 分别为二维尺度函数和小波函数，且满足式（5-16）至式（5-19）的对应关系。

$$\varphi(x,y) = \varphi(x)\varphi(y) \qquad (5\text{-}16)$$

$$\psi^1(x,y) = \varphi(x)\psi(y) \qquad (5\text{-}17)$$

$$\psi^2(x,y) = \varphi(y)\psi(x) \qquad (5\text{-}18)$$

$$\psi^3(x,y) = \psi(x)\psi(y) \tag{5-19}$$

式中，ψ^1、ψ^2、ψ^3 分别表示图像信息在垂直边缘、水平边缘以及对角线方向的变化情况。

低频近似系数 $C_{J+1,k,l}$ 和高频细节系数 $V_{J+1,k,l}$，$H_{J+1,k,l}$，$D_{J+1,k,l}$ 的多分辨率分析如式(5-20)所示。

$$\begin{cases} C_{J+1,k,l} = \sum_{m,n} h_{2m-k} h_{2n-l} C_{J,m,n} \\[2mm] V_{J+1,k,l} = \sum_{m,n} h_{2m-k} g_{2n-l} C_{J,m,n} \\[2mm] H_{J+1,k,l} = \sum_{m,n} g_{2m-k} h_{2n-l} C_{J,m,n} \\[2mm] D_{J+1,k,l} = \sum_{m,n} g_{2m-k} g_{2n-l} C_{J,m,n} \end{cases} \tag{5-20}$$

式中，$m,n \in \mathbf{Z}$ 分别为矩阵 $\mathbf{C}_{J,m,n}$ 的行、列；h、g 分别表示尺度函数和小波函数的双尺度方程系数，且 h 是一个低通滤波器，g 是一个高通滤波器。

利用式(5-20)对图像进行一级小波变换分解，然后继续利用式(5-20)对近似分量进行二维小波变换分解，后续层次以此类推，即可得到多级分解层次。小波分解过程示意如图 5-4 所示。

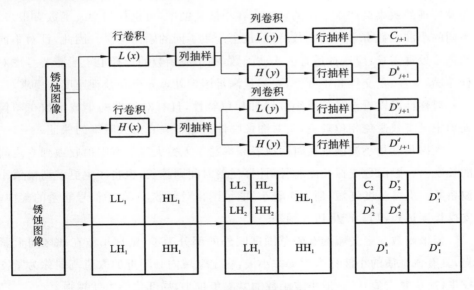

图 5-4　小波分解过程示意

在二维图像信号处理过程中,二维图像经小波分解后得到 4 个子图。其中,1 个近似信号为 C_{j+1},表示行与列方向的低频部分,代表原锈蚀图像的大部分信息;3 个细节信号分别为 D_{j+1}^h、D_{j+1}^v、D_{j+1}^d,D_{j+1}^h 表示行方向的低频部分和列方向的高频部分,表示水平细节分量,D_{j+1}^v 表示行方向的高频部分和列方向的低频部分,表示垂直细节分量,D_{j+1}^d 表示行和列方向的高频部分,表示对角线细节分量。小波重构过程示意如图 5-5 所示。

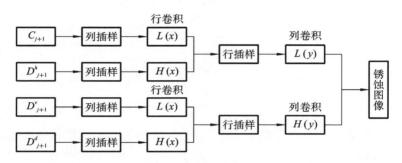

图 5-5　小波重构过程示意

(3)小波函数的选取。

在使用二维离散小波对图像进行处理时,小波函数以及分解层数的选择对图像处理的效果会产生不同的影响。在小波变换中,可选择的小波函数有很多,不同的小波函数有不同的函数特性,也会产生不同的输出结果。因此,针对不同的信号处理需求,应选择适宜的小波函数,在小波函数的选择上一般需要考虑对称性、紧支性、正交性和正则性,要尽量满足图像处理效果和处理速度的要求。

对称性可以看作紧支撑小波线性相位特性,具有对称性的小波函数在图像处理中可有效避免相位畸变,是对图像物体边缘不失真最大限度的保证。

支撑长度是小波函数在时间或者频率趋于无穷大时从有限值收敛到 0 之间的长度。一般函数支撑长度越长,计算耗费时间则越长,也将产生更多高幅值小波系数。支撑长度越短,消失矩越小,能量则相对分散,不利于信号能量的集中;支撑长度过长,则会产生边界问题。

如果函数在定义域的有限范围区间外的部分为零,则称小波在此区间上紧支,具有该性质的小波称为紧支撑小波,在定义域内 0 附近的取值范围称为紧支撑集(简称紧支集)。一般小波函数的紧支集越小,局部化能力就越强。

正交小波对应的低通滤波器与高通滤波器之间有着直观联系。在小波变换中,以具有正交性的小波函数对信号进行多尺度的分解,得到的不同频率子带成分分别处于相互正交的子空间内,这使得各频率子带间的相关性减小,有利于信号的重构。

正则性表示小波函数的光滑程度,会影响信号重构的稳定性。具有良好正则性的小波在信号重构中具有良好的平滑效果,可减小量化误差的视觉影响。一般情况下,小波正则性越好,支撑长度则会越长,计算时间也会越长,所以在小波函数的选择上需权衡其正则性和支撑长度。

消失矩描述了小波函数相对于尺度函数的震荡性质,施加消失矩可使尽量多的小波系数为零或产生尽量少的非零小波系数,有利于数据的压缩和噪声的消除。一般情况下,消失矩越大,非零小波系数越少,但支撑长度也会越长,所以小波函数的选择也应权衡其消失矩和支撑长度。

常见的小波函数有 Haar 小波、Daubechies 小波、Symlets 小波和 Coiflets 小波。

(4)小波分解层数的选择。

在利用小波变换技术处理信号时,分解层数的多少也会对最后的处理结果产生影响。对于小波分解层数的选择,一般建议为 3～5 层。如果分解层数过多,就会增大计算量,降低计算效率;反之,如果分解层数过少,信号低频和高频没有有效分离,低频成分则会包含过多信号细节信息,导致信号细节信息损失。

(5)小波系数的自适应处理。

对于离散信号的小波变换,可以简化为式(5-21)。

$$f(x) = \sum_k C_{J-1,k}\varphi_{J_0,k}(x) + \sum_{J=J_0}^{\infty}\sum_k D_{J,k}\psi_{J,k}(x) \tag{5-21}$$

式中,$C_{J-1,k}$ 为低频近似系数,$D_{J,k}$ 为高频细节系数。

常用的小波系数处理方法为阈值处理,包括非线性增强、软阈值增强和硬阈值增强。这些方法对于小波系数处理的实质是降低近似图像分量的影响,增强高频细节分量,以此改善光照对图像信息的影响,改善图像的视觉效果。低频近似系数 $C_{J-1,k}$ 和高频细节系数 $D_{J,k}$ 在小波系数调整函数的作用下得到新的低频近似系数 $C'_{J-1,k}$ 和高频细节系数 $D'_{J,k}$,其表达式如式(5-22)至式(5-23)所示。

$$C'_{J-1,k} = R(C_{J-1,k}) \tag{5-22}$$

$$D'_{J,k} = R(D_{J,k}) \tag{5-23}$$

因此,调整后的小波变换如式(5-24)所示。

$$f(x) = \sum_k C'_{J-1,k}\varphi_{J_0,k}(x) + \sum_{J=J_0}^{\infty}\sum_k D'_{J,k}\psi_{J,k}(x) \tag{5-24}$$

上述方法的小波系数调整参数需要手动设定,不具有自适应性,不能保证不同情况下采集的图像的增强效果。为解决这一问题,设计了一种基于小波分解图像的自适应增强方法,其主要包括两个步骤,高频细节分量软阈值去噪和低频近似分量自适应增强。

①高频细节分量软阈值去噪。

通常认为噪声存在于高频细节分量中,且一般呈高斯分布,对其进行软阈值去噪的设定如式(5-25)、式(5-26)所示。

$$\sigma = \frac{\mathrm{med}(\mathrm{med}(D_{J,k}))}{0.6745} \qquad (5\text{-}25)$$

$$D'_{J,k} = \mathrm{sign}(|D_{J,k}| - \sigma) \qquad (5\text{-}26)$$

②低频近似分量自适应增强。

经小波分解得到近似分量,对第 J 层近似分量进行非线性滤波后确定其全局对比度,利用全局对比度自适应调整同层小波系数,如式(5-27)所示。

$$p(x_i, y_i) = \frac{\max(x_i) - \min(x_i)}{p_{\max} - p_{\min}} \qquad (5\text{-}27)$$

式中,$\max(x_i)$ 与 $\min(x_i)$ 分别为滤波中心邻域内的像素最大值与最小值;$p_{\max}$ 和 $p_{\min}$ 分别为图像 $p(x_i, y_i)$ 的最大值与最小值。

因此,全局对比度可由第 J 级近似图像经非线性滤波后的像素值之和 L_J 和第 J 级近似图像的像素点的个数 N_J 确定,如式(5-28)所示。

$$C_{\mathrm{global}J} = c_0 \frac{L_J}{N_J} \qquad (5\text{-}28)$$

式中,c_0 为对比度调节因子,取值一般为 1.0~1.2。

图像分解后的近似分量的亮度信息与高频细节分量的细节信息有一定的相关性,因此,利用近似分量的全局对比度自适应地确定细节系数的调整系数,如式(5-29)所示。

$$K_J = \frac{1}{2}\log\left(\frac{1}{C_{\mathrm{global}J}} + 1\right) \qquad (5\text{-}29)$$

式中,$C_{\mathrm{global}J}$ 为第 J 层的近似分量全局对比度。

因此,调整后小波系数如式(5-30)、式(5-31)所示。

$$C'_{J-1,k} = L_0 C_{J-1,k} \qquad (5\text{-}30)$$

$$D'_{J,k} = K_J D_{J,k} \qquad (5\text{-}31)$$

式中,L_0 为亮度因子。

5.3.2　同态滤波图像特征增强原理

在图像的成像过程中,用光照射物体,物体表面的反射光在成像系统中不同的能量分布,即可构成一幅图像 $f(x,y)$。用相同的光照射不同物体,由于不同物体的表面对照射光具有不同的反射特性,于是可得到不同的图像 $f(x,y)$。照射光的能量分布与被照物体无关,而物体的反射性也与照射光的分布无关。通常用 $i(x,y)$ 表示入射光分量,用 $r(x,y)$ 表示反射光分量,则数字图像信号 $f(x,y)$ 可以表示为式(5-32)。

$$f(x,y) = i(x,y)r(x,y) \tag{5-32}$$

式中,$0 < i(x,y) < \infty$,$0 < r(x,y) < 1$。入射光分量 $i(x,y)$ 取决于场景的照射光强度,与物体本身的反射特性无关,该分量变化缓慢,其频谱处于低频区域,在图像特征增强过程需要对其削弱。反射光分量 $r(x,y)$ 取决于物体自身的反射特性,它描述物体本身的细节特征,该分量变化较快,其处于频谱高频区域,在图像增强过程中需要对其加强。

在实际应用中,往往会遇到当入射光的强度很大时,无法看清目标图像细节的情况。这是由于这类图像的灰度级范围本身很大,而人眼感兴趣的目标图像灰度级范围很小,以致分不清物体的灰度层次和细节。如果采用传统的灰度线性变换进行图像特征增强处理,虽然可以提高目标图像的反差,但会使灰度级范围更大。而压缩图像灰度级,又会使目标图像的细节信息变得更加模糊。

为此,人们提出了同态滤波,其目的是解决图像上光照分布不均的问题,增强暗区的图像细节,同时又不损失亮区的图像细节。同态滤波是采用基于照明反射模型的同态分析方法,其将图像的入射光分量和反射光分量分开处理,以达到减弱图像光照不均匀、改善细节对比度差的目的。这种方法避免了直接对图像进行频域变换处理可能产生的失真,也符合人眼对于亮度的非线性响应特性。同时,频域内分量和的形式易于进行滤波处理。同态滤波处理流程如图 5-6 所示。

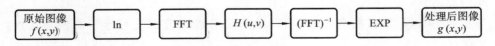

图 5-6　同态滤波处理流程

图中,ln 表示对数运算符;FFT 表示快速傅里叶变换;$H(u,v)$ 表示滤波器;$(FFT)^{-1}$ 表示快速傅里叶逆变换;EXP 表示指数变换。

对式(5-32)两边取对数,使数字图像的乘法转换为加法,可得到式(5-33)。

$$\ln f(x,y) = \ln i(x,y) + \ln r(x,y) \tag{5-33}$$

对式(5-33)进行傅里叶变换,得到其在频域上的表达式,如式(5-34)所示。

$$F(u,v) = I(u,v) + R(u,v) \tag{5-34}$$

式中,$I(u,v)$、$R(u,v)$ 分别是 $i(x,y)$、$r(x,y)$ 的傅里叶变换。

对变换后的分量利用滤波器分别处理,假设传递函数为 $H(u,v)$ 的同态滤波器对图像处理后,得到式(5-35)。

$$H(u,v)F(u,v) = H(u,v)I(u,v) + H(u,v)R(u,v) \tag{5-35}$$

对频域滤波处理结果 $H(u,v)F(u,v)$ 进行傅里叶逆变换,转换到原空间域,如式(5-36)所示。

$$F^{-1}[H(u,v)F(u,v)] = F^{-1}[H(u,v)I(u,v)] + F^{-1}[H(u,v)R(u,v)] \tag{5-36}$$

式(5-35)可简写为式(5-37)。

$$h_f(x,y) = h_i(x,y) + h_r(x,y) \tag{5-37}$$

最后,对 $h_f(x,y)$ 取对数相反的指数变换,完成对图像的同态滤波,得到处理后的图像 $g(x,y)$,如式(5-38)所示。

$$g(x,y) = e^{h_f(x,y)} = e^{h_i(x,y)} e^{h_r(x,y)} \tag{5-38}$$

式中,$e^{h_i(x,y)}$、$e^{h_r(x,y)}$ 分别表示输出图像的入射分量和反射分量。

从同态滤波的处理过程可以看出,滤波器对入射分量和反射分量进行滤波,所以滤波器的选择极为重要,滤波函数的形式将直接影响图像的处理效果。只有选用合适的同态滤波器才能得到理想的处理结果,同态滤波器传递函数如图 5-7 所示。低频增益 r_L、高频增益 r_H 分别是入射和反射分量的控制参数。当 $r_L < 1$、$r_H > 1$ 时,

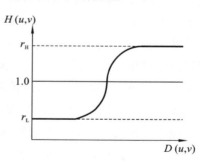

图 5-7　同态滤波器传递函数

表示减小低频、增强高频,图像处理结果是对动态范围进行压缩和使对比度增强。

不同的同态滤波器传递函数具有不同的滤波特性,在实际应用中根据需要选择适合的滤波器,并对滤波参数进行控制,就能得到理想的同态滤波效果。

5.4　Retinex 理论的锈蚀图像特征增强

Retinex 理论的基本思想来源是人眼对物体的颜色感知,与物体所处的环境无关,只与物体本身反射的光有关,即与物体对光的反射能力有关。该原理基于以下三个假设。

(1)真实世界是没有颜色的,我们对于颜色的感知是光与物体相互作用的结果。

(2)给定波长的三原色构成了颜色空间。

(3)每个单位区域的颜色由三原色决定。

Retinex 理论认为图像 $P(x,y)$ 可以由物体反射分量 $R(x,y)$ 和环境亮度分量 $L(x,y)$ 来表示,其表达式见式(5-39)、式(5-40)。

$$P(x,y) = R(x,y)L(x,y) \tag{5-39}$$

$$\log P(x,y) = \log R(x,y) + \log L(x,y) \tag{5-40}$$

式中,环境亮度分量 $L(x,y)$ 反映了图像像素点能达到的动态范围;物体反射分量 $R(x,y)$ 则反映了物体对光的反射能力,即物体的本质属性。

Retinex 理论基本作用原理为在采集的原始锈蚀图像中去除环境亮度的影响,保留图像中物体反射亮度分量,以降低环境亮度对低照度图像的影响,改善图像的亮度。

在单尺度 Retinex 的处理过程中,一般使用高斯滤波器进行环境亮度分量的提取,其高斯函数表达式见式(5-41)。

$$G(x,y) = \frac{1}{2\pi\sigma^2}\exp\left(-\frac{x^2+y^2}{2\sigma^2}\right) \tag{5-41}$$

环境亮度估计值的计算如式(5-42)所示。

$$L'(x,y) = P(x,y) * G(x,y) \tag{5-42}$$

去除环境亮度估计值后,可得反射分量 $R'(x,y)$,如式(5-43)所示。

$$\log R'(x,y) = \log P(x,y) - \log L'(x,y) \tag{5-43}$$

式中,σ 表示高斯函数的标准差;$*$ 表示卷积符号。

在单尺度 Retinex 理论的基础上,有研究者提出了多尺度 Retinex 方法,即 MSR。多尺度 Retinex 的基本原理是选用多个高斯函数进行亮度提取,之后通过已提取到的亮度分量计算得到反射分量,对反射分量进行加权平均,可以改善单尺度 Retinex 因尺度单一对图像增强效果的限制。其表达式如式(5-44)所示。

$$\log R'(x,y) = \sum_{i=1}^{n} W_i \{\log P(x,y) - \log[P(x,y) * G_i(x,y)]\} \quad (5\text{-}44)$$

式中，W_i 表示不同尺度下增强图像的权重系数；n 表示作用于图像的尺度个数，其值一般为 3。

5.5 锈蚀图像特征增强的评价指标

为验证不同图像特征增强的增强效果，可以采用主观评价和客观评价指标来对不同的图像特征增强算法进行评价，主观评价可以采用灰度分布直方图来表示，客观评价指标包括信息熵、平均梯度以及均值。

主观评价的标准因人而异，客观评价选用能够定量表示增强图像效果的客观指标来实现。

（1）信息熵。

信息熵是度量图像细节信息量的指标，其值越大，说明图像所包含的细节信息越多，图像拥有的信息量越大。其计算过程如式（5-45）所示。

$$H(P) = -\sum_{i=1}^{M} p(i) \lg p(i) \quad (5\text{-}45)$$

式中，$p(i)$ 指随机事件 P 为 i 的概率。

（2）平均梯度。

平均梯度可以反映图像的细节差异，可以表示图像边界灰度值变化的程度。平均梯度值越大，图像细节越丰富，图像的相对清晰度越好。其计算过程如式（5-46）所示。

$$\Delta \overline{g} = \frac{\sum_{i=1}^{M-1}\sum_{j=1}^{N-1}\left(\frac{(p(i+1,j)-p(i,j))^2}{2}+(p(i,j+1)-p(i,j))^2\right)^{\frac{1}{2}}}{(M-1)(N-1)}$$

$$(5\text{-}46)$$

式中，$p(i,j)$ 指图像的第 i 行、第 j 列像素的灰度值；M、N 分别为图像像素的总行数和总列数。

（3）均值。

均值反映了图像的亮度情况，其值大小与亮度的强弱成正比，其值越大图像亮度越高。其计算过程如式（5-47）所示。

$$\text{Mean}(P) = \frac{1}{MN}\left[\sum_{i=1}^{M}\sum_{j=1}^{N} P(i,j)\right] \quad (5\text{-}47)$$

式中，$p(i,j)$ 指图像的第 i 行、第 j 列像素的灰度值；M、N 分别为图像像素的总行数和总列数。

5.6　锈蚀图像特征增强实例

下面结合实际的锈蚀图像，通过 MATLAB 软件，详细讲解不同方法下锈蚀图像特征增强的详细步骤和程序代码。

锈蚀图像特征增强的一般流程如图 5-8 所示，首先将原始锈蚀图像的色彩空间转换为 HSI 颜色空间，在 HSI 颜色空间内对亮度分量 I 进行小波自适应增强处理，随后对增强后的图像进行多尺度 Retinex 算法的照度增强，并进行伽马校正以获得更好的亮度效果。

图 5-8　锈蚀图像特征增强的一般流程

（1）数据集说明。

原始的锈蚀图像为实验室盐雾锈蚀试验采集的钢板锈蚀图像，采用 BS90C 型盐雾锈蚀试验箱对 24 块尺寸为 160 mm×120 mm×5 mm（长×宽×高）的 Q235 钢板进行加速锈蚀处理，使用 500 万像素的 CCD 相机采集钢板表面图像（图 5-9）。

图 5-9　Q235 钢板锈蚀图像示例

（2）加载数据。

为保证程序运行环境一致性，在主程序加载图像数据之前先对程序环境进行初始化，采用"clc"命令清空命令行窗口；采用"clear"命令清除工作区里面的变量；采用"close all"命令关闭当前所有的图像窗口；采用"warning off"命令关闭程序警告。在 dataset 中预先加载待处理图像数据的存储路径，便于后续增强过程中直接通过路径读取对应的图片。具体代码如下。

```
%% 设置环境
clear; close all; clc;
warning('off');
%% 建立图像数据集
dataset={
    '锈蚀图像 1','Rust5/1.jpg';
    '锈蚀图像 2','Rust5/2.jpg';
    '锈蚀图像 3','Rust5/3.jpg';
    '锈蚀图像 4','Rust5/4.jpg';
    '锈蚀图像 5','Rust5/5.jpg';
};% 设置待增强图像的存储路径
```

（3）设置图像增强模型。

定义图像增强的案例模型，其中 x 为原始图像，@(x) he(x)则是调用 he 函数对原始图像 x 进行直方图均衡化；@(x) HSIhandler(x,{@(x) msw(x,'db10',3,1.1)})则是调用 HSIhandler 函数将原始图像从 RGB 空间转换到 HSI 空间，并调用 msw 函数对原始图像的 I 分量进行小波自适应增强；@(x) homo4rgb(x,'butterworth',2,0.5,0.2,nan) 则是调用 homo4rgb 函数对原始图像 x 进行同态滤波增强；@(x) ssr(x,80)则是调用 ssr 函数对原始图像 x 进行单尺度 Retinex 增强；@(x) msr(x,[15,80,250]) 则是调用 msr 函数对原始图像 x 进行多尺度 Retinex 增强。具体代码如下。

```
%% 模型列表
models={
    '原图像', @ (x) x;
    '直方图均衡化', @ (x) he(x);
    '小波自适应', @ (x) HSIhandler(x, {@ (x) msw(x, 'db10', 3,
1.1)});
    '巴特沃斯同态',@ (x) homo4rgb(x,'butterworth',2,0.5,0.2,
nan);
    '单尺度 Retinex', @ (x) ssr(x, 80);
    '多尺度 Retinex', @ (x) msr(x, [15,80,250]);
};
```

（4）直方图均衡化。

直方图均衡化是一种以图像灰度级为基础的图像特征增强方法,其主要作用为通过灰度映射将原始图像不均匀的灰度直方图分布转化为在每一灰度级上分布较均匀的直方图分布。在 MATLAB 软件中可以直接使用函数 histeq 来实现。

由于原始图像 img_in 是彩色锈蚀图像,而 histeq 函数单次只能处理灰度图像,因此在本案例(图 5-10)中首先将原始图像 img_in 转为 double 精度类型以防止后续数据溢出,然后采用 histeq 函数依次处理 R 分量、G 分量以及 B 分量,最后使用 cat 函数将增强后的三通道分量进行合并即可得到直方图均衡化后的彩色锈蚀图像 img_out。直方图均衡化函数 he 的具体代码如下。

```
function img_out=he(img_in)
img_in=im2double(img_in);   % 把图像转换成 double 精度类型(0~1)
r=histeq(img_in(:,:,1));
g=histeq(img_in(:,:,2));
b=histeq(img_in(:,:,3));
img_out=im2uint8(cat(3,r,g,b));
end
```

在主函数中可以直接调用直方图均衡化模块,具体代码如下。

```
img=imread('Rust5/1.jpg');
img_out=he(img);
imshow(img_out)
```

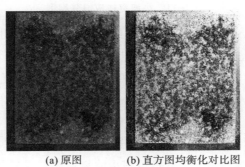

(a) 原图　　　(b) 直方图均衡化对比图

图 5-10　直方图均衡化实例

（5）小波自适应。

小波变换是进行图像处理的常用手段,对图像进行小波分解,调整小波系数,将调整后的各分量进行重构,得到特征增强后的图像。

在小波自适应增强案例(图 5-11)中,首先在主程序中调用 HSIhandler 函数将原始图像 img_in 从 RGB 颜色空间转换为 HSI 颜色空间;H 分量和 S 分量保持不变,对于 I 分量则调用二维小波变换函数 msw 进行自适应增强处理,其中小波函数采用 db10,小波分解与重构层数采用 3 层,小波调整的初始系数设置为 1.1;最后使用 cat 函数将三通道分量进行联结,由此即可得到小波自适应增强后的彩色锈蚀图像 img_out。具体代码如下。

```
% 在主程序实现小波自适应增强
Addpath ('models')
img_in=imread('Rust5/1.jpg');
img_out=HSIhandle(x,{@ (x) msw(img_in, 'db10', 3, 1.1));
figure;
imshow(img_out);
```

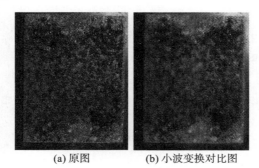

(a) 原图   (b) 小波变换对比图

图 5-11 小波自适应增强案例

对于 HSIhandler 函数,其主要作用是分离并转换原始图像的三个分量以实现 I 分量小波自适应增强,其输入数据包含原始图像 img_in 和小波自适应增强后的图像 func_cell,输出数据则为小波自适应增强后的彩色图像 img_out。首先直接调用 MATLAB 提供的 rgb2hsi 函数实现图像颜色空间 RGB 和 HSI 之间的转换;然后 H 空间和 S 空间不做调整,I 空间则更换为小波自适应增强后的图像 func_cell,采用 mat2gray 函数对自适应增强变换后的 I 分量进行归一化处理;最后采用 cat 函数联结三个分量得到小波自适应增强后的彩色锈蚀图像,通过调用 MATLAB 提供的 hsi2rgb 函数将图像从 HSI 颜色空间转换回 RGB 颜色空间,由此即可得到小波自适应增强后的彩色锈蚀图像 img _ out。HSIhandler 函数具体的代码如下。

```
function img_out=HSIhandler(img_in, func_cell)
[h,s,i]=rgb2hsi(img_in);% 颜色空间由 RGB 转换为 HSI
for i=1:length(func_cell)
    i=double(i); % 将数据格式转为 double 类型
    i=func_cell{i}(i); % 将 I 分量更改为增强图像 func_cell 中的数据
end
i=mat2gray(i);% 归一化
hsi=mat2gray(3,h,s,i); % 按 dim 重新联结 H、S、I 三个分量
img_out=hsi2rgb(hsi);% 颜色空间由 HSI 转换回 RGB
img_out=im2uint8(img_out);% 将数据格式转换为 uint8 类型
end
```

对于 msw 函数,其主要作用是完成单分量的自适应增强,其输入包括原始图像 img_in,小波函数 wavename,分解层数 level,初始调整系数 L0。在 msw 函数中首先将原始图像 img_in 数据类型转换为 double 型,以防止后续计算过程中出现数据溢出现象,然后调用小波分解重构函数 wavelet 进行处理。而在 wavelet 函数中,采用 MATLAB 中自带的 wavedec2 函数进行二维小波分解,采用 appcoef2 函数提取二维小波分解的低频系数,通过 calK 函数计算自适应调整系数,并借 MATLAB 中自带的 wthresh 函数实现软阈值去噪,由此即可得到小波自适应增强后的分量。具体代码如下。

```
% % 二维小波变换
function img_out=msw(img_in, wavename, level, L0)
img_in=double(img_in);
img_out=wavelet(img_in,wavename, level, L0);
end
% % 小波分解重构
function img_out=wavelet(img_in,wavename, level, L0)
% 小波分解
[C,S]=wavedec2(img_in,level,wavename);% 多级二维小波分解
if level~ =0
    det1=detcoef2('compact',C,S,1);% 获取小波的第一级分解的细
    节系数
    tau=median(abs(det1))/0.6745;% 噪声估计
```

```
end
% 小波系数调整
A=appcoef2(C,S,wavename,level);% 提取二维小波分解的低频系数
NA=A* L0;
NA=NA(:)';
for n=level:-1:1
    % 获取第 n 级别的系数
    [CHD,CVD,CDD]=detcoef2('all',C,S,n);
    CAD=appcoef2(C,S,wavename,n);
    % 计算调整系数
    K=calK(CAD);
    % 软阈值去噪
    CHD=wthresh(CHD,'s',tau);
    CVD=wthresh(CVD,'s',tau);
    CDD=wthresh(CDD,'s',tau);
    NCHD=CHD* K;
    NCVD=CVD* K;
    NCDD=CDD* K;
    % 系数更新
    NA=[NA, NCHD(:)', NCVD(:)', NCDD(:)'];
end
% 小波重构
img_out=mat2gray(waverec2(NA,S,wavename));
end
```

wavelet 函数中的自适应调整系数 K 通过 calK 函数获取。而在 calK 函数中将局部邻域大小设置为 3×3，对比度调节因子 $c0$ 设置为 1，采用 MATLAB 中自带的 colfilt 函数对原始输入图像实现非线性滤波，通过 mean2 函数计算滤波后矩阵数据的平均值，由此即可得到自适应的图像全局对比度权重因子。calK 函数的具体代码如下。

```
%% 局部对比度权重因子
function K=calK(img)
blocksize=[3,3];% 局部邻域大小
```

```
c0=1;% 对比度调节因子
% 局部对比度
img_max=max(max(img));
img_min=min(min(img));
filted_max=colfilt(img,blocksize,'sliding',@ max);
% confilt 实现非线性滤波
filted_min=colfilt(img,blocksize,'sliding',@ min);
filted_img=(filted_max‐filted_min)/(img_max‐img_min);
% 全局对比度
C_global=c0*mean2(filted_img);
% 全局对比度权重因子
K=0.5*log(1/C_global+1);
end
```

（6）同态滤波。

同态滤波是一种在频域内的特殊滤波方法,其将图像的入射光分量和反射光分量分开处理,在图像的动态范围内对图像进行压缩和对比度的增强。

在同态滤波处理函数 homo4rgb 中,其输入数据为原始图像 img_in,同态滤波的滤波器类型表示为 fname,高频增益表示为 rH,低频增益表示为 rL,锐化系数表示为 c,截止频率表示为 D0;输出数据为同态滤波增强后的图像 img_out。homo4rgb 函数的具体代码如下。

```
function img_out=homo4rgb(img_in,fname,rH,rL,c,D0)
img_out=zeros(size(img_in));% 定义 img_in 数据大小的初始零矩阵
img_in=double(img_in);% 转双精度 0～255
% % 按 rgb 三通道进行同态滤波处理
for i=1:3
    img_in=img_in(:,:,i);% 提取单通道图像
    img_log=log(img_in+1);% 取对数
    img_fft=fft2(img_in);% 傅里叶变换
    % % 巴特沃斯滤波器处理
    fsize=size(img_in);% 读取图像大小
    u0=floor(fsize(2));
    v0=floor(fsize(1));% 中心点坐标
```

```
D=zeros(fsize);
H=zeros(fsize);
n=1;% 滤波器阶数
%% 计算 (u,v)到滤波器中心 (u0,v0)的距离
for u=1:fsize(1)
    for v=1:fsize(2)
        D(u,v)=sqrt((u-u0)^2 + (v-v0)^2);
    end
end
if isnan(D0);% 判断 D0 是否为数字
    D0=max(fsize);
end
%% 巴特沃斯滤波器处理
for u=1:fsize(1)
    for v=1:fsize(2)
        H(u,v)=(rH-rL)*((1/(1+ (D0/(c*D(u,v)))))^(2*n))
        + rL;
    end
end
img_mid=H(u,v);
img_mid=real(ifft2(img_mid));% 反傅里叶变换
img_mid=exp(img_mid)-1;% 指数变换
img_out(:,:,i)=mat2gray(img_mid);% 图像数据矩阵归一化
end
img_out=im2uint8(img_out);% 将矩阵形式的 img_out 转化 uint8
类型
end
```

以传统的巴特沃斯滤波器作为同态滤波器实现 R、G、B 三通道的同态滤波。本案例(图 5-12)中巴特沃斯参数设置如下:rH=2,rL=0.5,c=0.2。

(7) 单尺度 Retinex(SSR)。

Retinex 理论认为物体的颜色只与物体本身反射的光有关,其基本原理是在原始图像的基础上去除环境亮度,降低环境对图像亮度的影响,由此实现图像的

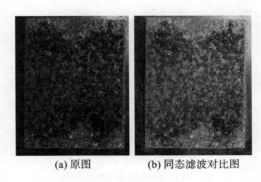

(a) 原图　　　　(b) 同态滤波对比图

图 5-12　同态滤波案例

细节增强。

在单尺度 Retinex 处理函数 SSR 中,输入数据包含原始图像 S 和图像尺度参数 sigma,输出数据则为单尺度 Retinex 增强后的图像 R 和单通道存储结果 R_temp。其中单通道 SSR 可直接使用 MATLAB 中自带的 SSR4gray(S,sigma)来实现,其中 S 表示图像通道,sigma 表示作用于图像的尺度大小,在本案例(图 5-13)中 sigma 取值为 80。SSR 的具体代码如下。

```
function [R,R_temp]=ssr(S,sigma)
% 结果初始化
R=zeros(size(S));
R_temp=zeros(size(S));
for i=1:size(S,3)
    Si=S(:,:,i);% 提取单通道图像
    [~ ,Ri,~ ]= ssr4gray(Si,sigma);% 单通道 SSR
    R_temp(:,:,i)=Ri;% 单通道结果存储
    R(:,:,i)=mat2gray(Ri);% 图像矩阵归一化
end
R=im2uint8(R);
end
```

(8) 多尺度 Retinex(MSR)。

多尺度 Retinex 是在单尺度 Retinex 的基础上发展而来,其采用多个高斯函数(一般为 3 个)对图像进行处理,是不同高斯函数下的单尺度 Retinex。多尺度

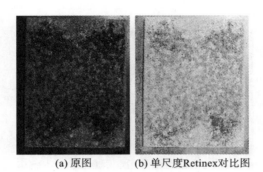

(a) 原图　　　　(b) 单尺度Retinex对比图

图 5-13　单尺度 Retinex 案例

Retinex 对不同尺度下得到的反射分量进行加权平均得到最终的反射分量,多尺度一般选择为 15、80、250。

多尺度 Retinex 函数 MSR 与单尺度 Retinex 函数 SSR 较为相似,两者不同之处在于 MSR 中输入的图像尺度参数 sigma 为多维数组,而 SSR 中输入的图像尺度参数 sigma 为单一数值。在 MSR 函数中每个尺度下均会调用 SSR 函数进行处理,最后取所有尺度下的均值即可得到多尺度 Retinex 增强后的输出图像 R(图 5-14)。MSR 函数的具体代码如下。

```
function [R,R_temp]=msr(S,sigma)
R=zeros(size(S));
R_temp=zeros(size(S));
for i=1:length(sigma)
    [Ri,Ri_temp]=ssr(S,sigma(i));
    Ri=im2double(Ri);
    R=R +Ri/length(sigma);
    R_temp=R_temp+Ri_temp/length(sigma);
end
R=im2uint8(R);
end
```

(9) 选取评价指标。

为客观评价上述每个方法对锈蚀图像的增强情况,选取信息熵、平均梯度和均值 3 个指标进行图像增强效果评价。

信息熵反映了图像所包含细节信息的多少,可以直接调用 MATLAB 中自

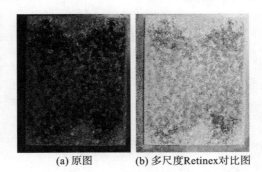

(a) 原图　　　(b) 多尺度Retinex对比图

图 5-14　多尺度 Retinex 案例

带的函数 entropy 进行处理；平均梯度反映图像的细节差异，表示图像的边界灰度变化情况，值越大，图像细节越丰富，函数表示为 avg_gradient；均值是图像亮度情况的反映，值越大表示图像的亮度越大，可以直接调用 MATLAB 中自带的函数 mean 实现。具体代码如下。

```
%% 评价指标函数
classdef Metric
    properties
    end
    methods(Static)
% 信息熵
    function en=entropy(img)
        en=entropy(img);
    end
% 平均梯度
    function avg=avg_gradient(img)
        img=double(img);
        [r,c,b]=size(img);
        dx=1;
        dy=1;
        g=zeros(b,1);
        for k=1 : b
            band=img(:,:,k);
            [dzdx,dzdy]=gradient(band,dx,dy);
```

```
            s=sqrt((dzdx .^ 2 +dzdy .^2) ./ 2);
            g(k)=sum(sum(s)) / ((r - 1)*(c - 1));
        end
        avg=mean(g);
    end
end
% 均值
    function m=mean(img)
        m=mean2(img);
    end
    end
end
```

在主函数中可以直接选取需要使用的评价指标,具体代码如下。

```
% % 评价指标
metrics={
    '原图', @ (x) x;
    '信息熵', @ (x) Metric.entropy(x);
    '平均梯度', @ (x) Metric.avg_gradient(x);
    '均值', @ (x) Metric.mean(x);
};
```

(10) 模型调用与测试。

在主函数 main 中可以直接调用上述多个图像增强算法进行测试。由于本案例中所有模型函数均放置在当前路径的子文件夹"models"中,因此首先需要采用 addpath 函数将"models"文件夹及其全部子文件夹路径添加为全局搜索路径,便于后续程序调用各个模型函数。

本案例中采用多层嵌套循环的方式对所有图像、模型以及评价指标进行测试,其中每次循环采用 imread 函数读取 dataset 变量路径下的原始图像,采用 imwrite 函数将增强后的 png 格式图像文件存储到指定的文件夹中,采用 xlswrite 函数将评价指标写入对应的表格文件中。具体代码如下。

```
addpath('models')
% % 结果存放
result_cell=cell(size(dataset,1),size(models,1),size
(metrics,1))
```

```matlab
%% 保存路径
result_path='result';
t=1;
% 判断路径是否存在,若不存在则建立对应的文件夹
if ~ exist(result_path,'dir')
    mkdir(result_path)
end
%% 循环所有图像、模型、指标
for i=1:size(dataset,1)
    fprintf(['正在处理第',num2str(i),'张图片...'])
    for j=1:size(models,1)
        % 增强
        img=imread(dataset{i,2});
        img_en=models{j,2}(img);
        % 存图
        result_path_img=fullfile(result_path,'output_imgs');
        % 判断路径是否存在,若不存在则建立对应的文件夹
        if ~ exist(result_path_img,'dir')
            mkdir(result_path_img)
        end
        img_name=strcat(dataset{i,1},'_',models{j,1},'.png');
        save_path_img=fullfile(result_path_img,img_name);
        imwrite(img_en,save_path_img);
        % 存表
        result_path_excel = fullfile(result_path,'excel');
        if ~ exist(result_path_excel,'dir')
            mkdir(result_path_excel)
        end
        save_path_excel=fullfile(result_path_excel,'result.
        xls');
        xlswrite(save_path_excel, models(j,1),dataset{i,1},
        [char('A'+ j),'1'])
```

```
for k=2:size(metrics,1) % 计算指标
    if j= = 1
        xlswrite(save_path_excel,metrics(k,1),
        dataset{i,1},['A',num2str(k)]) % 列标题
    end
    metric_val=metrics{k,2}(img_en);
    xlswrite(save_path_excel, metric_val,dataset{i,
    1},[char('A'+ j),num2str(k)])
    end
    end
    fprintf('处理完毕！\n')
end
disp('全部处理完毕！')
```

(11) 结果示例。

通过对实际采集的 Q235 锈蚀钢板图像进行测试，其结果如图 5-15 所示。对比分析原始图像和采用不同算法增强后图像的差异，从人眼直观视觉上可以看出经过增强后的锈蚀钢板图像与原始图像呈现出明显差异，经过增强后的图

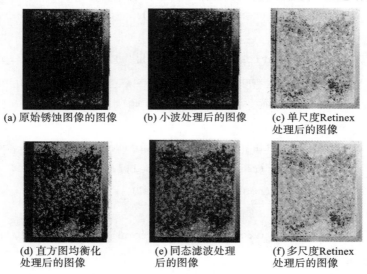

(a) 原始锈蚀图像的图像　　(b) 小波处理后的图像　　(c) 单尺度Retinex
处理后的图像

(d) 直方图均衡化　　(e) 同态滤波处理　　(f) 多尺度Retinex
处理后的图像　　后的图像　　处理后的图像

图 5-15　不同方法下的锈蚀图像特征增强效果展示

像整体亮度均有一定程度的提升。

　　为更好地呈现各种算法对锈蚀图像的作用效果,可以使用灰度直方图进一步验证分析;灰度直方图反映了不同灰度在图像中的分布情况,此处选用锈蚀图像经各种算法增强后的图像进行对比(图 5-16)。具体代码如下。

```
%% 获得灰度直方图
img1=imread('filename/img.png');
figure
imhist(rgb2gray(img1));
```

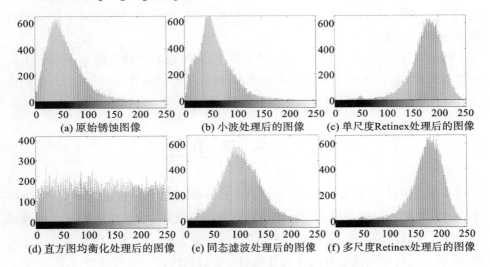

图 5-16　不同方法特征增强后的灰度直方图对比

　　根据对不同锈蚀图像的客观指标进行计算,得到锈蚀图像在不同算法增强后信息熵、平均梯度及均值等指标的数值对比,如表 5-1 所示。

表 5-1　锈蚀图像数据集的图像增强结果

指标	原始图像	直方图均衡化	小波自适应	同态滤波	单尺度Retinex	多尺度Retinex
信息熵	7.0282	5.9843	7.0972	7.1075	6.9743	6.9570
平均梯度	12.3572	30.0032	8.8740	14.8767	13.3900	13.1202
均值	56.7812	127.5306	59.8865	102.9347	176.7018	176.7404

　　从表 5-1 可知,与原始图像以及其他方法相比,小波自适应增强之后的图像信息熵值较接近原始图像信息熵值,且高于除同态滤波外使用其他方法增强后

的信息熵值,说明小波变换在图像信息的保留方面以及细节信息的增强方面均有较好的效果;同时表明使用直方图均衡化、单尺度 Retinex 以及多尺度 Retinex 方法处理后的图像存在一定的细节信息丢失。

平均梯度反映图像的边界灰度变化,与原始图像相比,小波变换对边界细节信息保留的表现不如其他 3 种方法。其中,直方图均衡化方法处理后的图像边界灰度变化情况最为显著,边界最为明显。

在锈蚀图像的均值对比中,两种 Retinex 方法处理后的图像的均值均高于其他方法处理后的图像的均值,但在图像效果上出现了过曝的情况,导致图像过亮,丢失了部分细节信息。同时,相比于原始图像,这几种方法处理后的图像均值指标都有增强。

综上所述,不同算法在信息熵、平均梯度、均值以及图像视觉效果中有不同的优势表现,需要针对图像的具体表现,选用合适的增强算法,以便达到预期的增强效果。

5.7 本章小结

锈蚀图像特征增强的基础理论是低光照下图像增强研究的重要组成部分,主要包括色彩空间转换以及两种传统的图像增强技术:空域特征增强和频域特征增强。空域特征增强是直接对图像的所有像素点或者其邻域像素点进行运算操作,而频域特征增强是在图像的变换域空间对图像进行间接处理。

图像增强的方法多种多样,每种方法也都有其优势和劣势,在对锈蚀图像进行特征增强处理时,不必局限于某一种单一方法,可适当联合或者创造更新颖的方法,直到达到最佳的特征增强效果。

第6章　锈蚀图像的目标区域分割

锈蚀面积是金属结构在力学仿真计算和可靠性分析中非常关键的一个输入参数。如何简单有效地获取金属结构关键部位的锈蚀面积,尤其是不规则区域的锈蚀面积,一直以来都是工程界比较关注的问题。锈蚀面积过大,且锈蚀程度较深时,需及时采取维护修复计划;锈蚀面积较小,且锈蚀程度较浅时,则对金属结构的力学特性不会产生重大影响。

长期以来,工程界对金属构件局部锈蚀的特征检测主要依赖人工目测,由于金属构件表面在锈蚀形成初期特征微弱,在锈蚀动态发展过程中锈蚀分布不规则,人工目测很难对锈蚀面积、锈蚀颜色及锈蚀程度等特征信息进行定量描述,不能保证检测结果的可靠性。

通过图像采集设备获取金属表面的锈蚀图像,结合锈蚀区域的颜色和纹理特征建立像素分类准则,然后利用图像处理算法提取锈蚀区域特征,进而计算出不规则区域的锈蚀面积,这就是锈蚀图像分割的直接目的。通过锈蚀图像分割可以将锈蚀图像中不同锈蚀特征的区域分割开来,每个区域满足灰度、纹理、色彩等特征的某种相似性准则。

本章在阐述锈蚀图像分割的理论基础之上,介绍锈蚀图像分割的常用方法,包括基于 Canny 算子的锈蚀图像分割、基于数学形态学的锈蚀图像分割以及基于深度学习的锈蚀图像分割等,最后通过编写 Python 程序,详细介绍锈蚀图像分割的应用案例。

6.1　图像分割概述

6.1.1　图像分割的定义

图像分割是图像处理发展到图像精确分析的关键一步。在对锈蚀图像的分析中,人们往往只是对其锈蚀区域感兴趣,这部分锈蚀区域被称为目标或者前景,图像其他部分被称为背景。为了辨识和分析锈蚀区域,就需要利用图像分割方法先将目标区域分离提取出来，在图像分割基础上再对锈蚀区域进行特征提取和参数测量。

图像分割是根据图像的不同特征（如灰度特征、颜色特征、纹理特征、几何特征等），将图像划分成若干个特征一致且互不重叠的子区域，而后提取出感兴趣的目标区域。图像分割的定义借助集合的概念概括如下。

设集合 R 代表整个图像区域，对图像区域 R 的分割可以看作是将集合 R 划分为 n 个非空子集 $R_1, R_2, \cdots, R_n$，同时要满足如下条件。

（1）完整性：$\bigcup_{i=1}^{n} R_i = R$，即对图像区域 R 进行分割后所获得的子区域 R_i，求取并集后得到的总集合为原图 R。

（2）互不重叠性：对所有的 i 和 j，当 $i \neq j$ 时，有 $R_i \bigcap R_j = \phi$。通过图像分割后得到的子区域 R_i 之间是相互独立的，互不重叠。

（3）一致性：对于 $i = 1, 2, \cdots, n$，有 $P(R_i) = \text{True}$。每一个子区域 R_i 内的元素具有近似相同的特征，具有一致性。

（4）差异性：对于 $i \neq j$，有 $P(R_i \bigcup R_j) = \text{False}$。不同的子区域 R_i 之间的元素具有不同的特征，具有差异性。

（5）连通性：对于 $i = 1, 2, \cdots, n$，R_i 为连通的区域。即每一个子区域 R_i 内的元素之间具有连通性。

6.1.2　图像分割方法

由于图像种类繁多，图像质量不一，因此难以构建通用的图像分割方法快速有效地实现各类图像的精确分割。目前，随着广大科技工作者的持续研究，对图像分割的认知越来越清晰，同时也从不同角度产生了多种图像分割方法。

（1）经典图像分割。

在基于深度学习的图像语义分割出现之前，图像分割的方法主要包括基于边缘检测的图像分割方法、基于区域的图像分割方法和基于阈值的图像分割方法等，它们主要是通过挖掘图像中的色彩信息、边缘、边界或者纹理信息来进行图像分割的，下面来具体说明。

①基于边缘检测的图像分割方法。

目标图像的边缘可以被定义为在数字图像中，不同目标图像分界处连续像素点所构成的集合，它反映了整幅图像中局部特征的梯度特性，在图像中体现于颜色、灰度以及纹理等特征的变化。基于边缘检测的图像分割方法是利用目标图像边缘像素的突变来解决图像分割问题。通常情况下，在要检测的目标图像

边缘,其像素值会出现突变,根据目标图像边界像素值的突变可以判断该像素值
是否属于目标图像的边缘。要确定当前像素点是否属于目标图像的边缘像素
点,通常有串行和并行两种方式,前者取决于当前像素点的直接比较结果,后者
取决于当前像素点以及该像素点周围的相邻像素点的比较结果。

在边缘检测算法中,图像的不连续性通常可以使用微分运算来检测,边缘检
测通常通过空间域差分算子来实现。将图像和微分算子进行卷积运算来实现目
标图像的边缘提取,常用的一阶微分算子包括 Prewitt 算子、Roberts 算子和
Sobel 算子,二阶微分算子包括拉普拉斯算子、Kirsch 算子等。

图像的边缘检测能够在不丢失目标图像重要信息的情况下,快速得到分割
结果。边缘检测适用于对噪声比较小的图像进行目标区域分割。在利用微分算
子进行图像的边缘检测时,需要对图像做像素平滑等预处理操作,以防止高频噪
声对微分算子产生影响。在目标图像边缘的像素阈值选择方面,选择不当也会
直接影响边缘检测的效果,为此,有学者提出运用 Canny 算子,其利用高低两个
阈值和非极大值抑制的方法,可以获得较好的检测效果。

②基于区域的图像分割方法。

基于区域的图像分割方法是利用像素值搜索被检测物体,从而达到图像分
割的目的。通常使用的区域提取方法是区域生长方法:首先选择某一目标区域
的像素作为种子像素,从该种子像素点出发,然后向周围像素点扩散检测,逐步
检测这些种子像素周围的像素,并判断它们是否符合种子像素所代表目标区域
的要求条件,如果符合条件,则将该像素与种子像素合并,然后以当前像素作为
种子像素继续检测合并周边像素,直到找不到符合条件的像素为止,此时所有合
并的像素点集合形成的目标区域即为检测出的目标图像。

对于基于区域的图像分割方法来说,选择合适的区域合并规则非常关键。
最简单的合并方法就是将平均灰度值或平均颜色差别小于某个值的周边区域合
并到当前的种子区域。四叉树分解是一种经典的区域分解合并法,这种算法可
以实现复杂图像的区域分割。

设 R 为整幅图像,则四叉树分解的算法规则如下。

步骤一:对于任一图像区域 R_i,如果 $P(R_i) = $ False,则将其分裂成多个没
有交集的区域。

步骤二:对于相邻的两个子区域 R_i 与 R_j,如果满足 $P(R_i \bigcup R_j) = $ Ture,
则将子区域 R_i 与 R_j 进行合并。

步骤三:直到图像 R 中的所有子区域不能再进行分解与合并,则图像分割

结束。

③基于阈值的图像分割方法。

基于阈值的图像分割方法是对一幅图像的像素点按照某种规则进行分类，属于同一类像素的区域被认为是一个目标区域。基于阈值的图像区域分割方法通常包含以下两个步骤。

步骤一：确定整幅图像进行阈值分割的具体阈值。

步骤二：将图像中的所有像素值与对应的阈值进行比较，据此对所有的像素点进行分类。

由上述步骤可以看出，使用该方法时，阈值的选择至关重要，阈值选择越合理，图像分割效果就越好，对于目标区域和非目标区域界线比较清晰的图像，阈值分割法有比较好的分割效果。其基本的数学表达式如式(6-1)所示。

$$g(i,j)=\begin{cases}1,\hat{g}(i,j)\geqslant T\\0,\hat{g}(i,j)<T\end{cases} \qquad (6-1)$$

式中，T 代表阈值，当目标图像的像素点 $\hat{g}(i,j)\geqslant T$，将该点的像素值置 1，当该点的像素值 $\hat{g}(i,j)<T$，将该点的像素值为 0。

基于阈值的图像分割方法对背景简单、目标区域单一，尤其是目标区域与非目标区域区分度较大的图像具有很好的分割效果，并且算法简单、容易实现，算法的运算效率也较高。但是当图像的目标区域与非目标区域的像素值差别很小，目标信息较多且背景图像比较复杂时，该方法难以选定合适的阈值，分割效果不理想，分割过程中可能出现目标像素重叠的情况，以致无法准确获得目标图像的边界信息。

（2）图像语义分割。

传统的图像分割算法一般是依据图像的纹理和颜色等特征进行区域分割，侧重于将图像分割为若干个子区域，但不考虑这些子区域所属的确切类别。图像语义分割是通过多个语义单元，根据目标图像本身的纹理、色彩与场景等特征，将图像中属于相同类别的目标像素进行聚类。相比于传统图像分割方法，图像语义分割更加精细化。

在此，需要特别注意图像语义分割与计算机视觉领域中的图像分类、目标检测等概念的区分。在计算机视觉领域中，图像分类强调对整幅图像的理解和识别；目标检测强调整幅图像中特定目标的分类和定位，其较图像分类更为精细；语义分割则是对图像中每个目标区域的像素进行分类，更接近真实世界的视觉系统。

　　早期的图像语义分割方法包括随机森林、支持向量机、马尔可夫链等。随机森林的分类器是决策树,在图像语义分割中,每一个子树节点都应用一个或者多个特征辅助决策,其叶节点表示像素的类别。支持向量机是二分类问题上的分类器,通过结构扩展也可以应用于多标签分类问题。马尔可夫链是计算机视觉中广泛应用的无向图视觉模型,利用马尔可夫链推理像素所属标签的过程往往通过最大后验估计实现。

　　近年来,深度学习的快速发展大大推动了计算机视觉的发展,深度学习算法在图像分类、目标检测、语义分割等方面均超越了传统图像处理算法的性能。后续将介绍深度学习模型及其在锈蚀图像分割领域的应用。

6.1.3　图像分割的评价指标

　　图像分割的评价指标主要有准确率(accuracy)、精确率(precision)、召回率(recall)、Dice 系数和交并比(IoU)等。对于图像中每一个像素点可视为二分类问题,采用混淆矩阵可以判定其具体的分类情况,因此图像中像素点共有以下 4 种情况。

　　①真正值(true positives,TP):输出结果值为真,真实值也为真,即实际是锈蚀且被准确识别为锈蚀的像素点数量。

　　②真反值(true negatives,TN):输出结果值为假,真实值也为假,即实际是非锈蚀且被准确识别为非锈蚀的像素点数量。

　　③假正值(false positives,FP):输出结果值为真,真实值为假,即实际是非锈蚀却被识别为锈蚀的像素点数量。

　　④假反值(false negatives,FN):输出结果值为假,真实值为真,即实际是锈蚀却被识别为非锈蚀的像素点数量。

　　本章采用以下评价指标对图像分割算法的性能进行评估分析。

　　(1) 准确率(Acc):准确率是指所有分类正确的像素数量占总像素的比例,其表达式如式(6-2)所示。

$$Acc = \frac{TP + TN}{TP + TN + FN + FP} \tag{6-2}$$

　　(2) 精确率(Pre):精确率是指所有被预测为锈蚀的像素点中,真实为锈蚀的像素点所占的比例,其反映了预测为正例的样本中准确的比例,其表达式如式(6-3)所示。

$$Pre = \frac{TP}{TP + FP} \tag{6-3}$$

（3）召回率（Rec）：召回率是指所有实际为锈蚀的像素点中，被预测为锈蚀的像素点所占的比例，其反映实际样本中的正例被正确预测的比例，其表达式如式（6-4）所示。

$$Rec = \frac{TP}{TP+FN} \tag{6-4}$$

（4）Dice 系数（Dice）：Dice 系数是一种结合相似度的度量函数，用于计算两个样本集合的相似度，Dice 值越大表示两个样本集合之间的相似度也大，其表达式如式（6-5）所示。

$$Dice = \frac{2TP}{2TP+FP+FN} \tag{6-5}$$

（5）交并比（IoU）：交并比是将标签图像与预测图像看成两个集合，计算这两个集合交集和并集的比值。在语义分割中用于评价标签和预测结果之间的相关度，IoU 值越大表示模型分割结果中与标签的像素区域交叠率越高，模型预测的分割效果越好，其表达式如式（6-6）所示。

$$IoU = \frac{TP}{TP+FP+FN} \tag{6-6}$$

一般情况下，IoU 值大于 0.5，则认为分割算法具有较好的图像分割效果。该指标能直观地描述分割算法的基本性能。

这些评价指标中，精确率和召回率通常情况下很难兼得，尤其在规模较大的数据集中，精确率和召回率往往相互制约，无法同时获得较优的结果，因此在对图像的分割结果进行评估时应综合分析。通过上述评价指标，能够将采用不同算法的锈蚀图像分割结果转换为直观的定量评价数值，从而便于分析不同算法的图像分割性能。

6.2　锈蚀区域分割的深度学习模型

6.1.2 节中介绍的图像分割方法，通过结合深度学习来实现锈蚀区域自动分割的同时，还可以进一步提升图像分割效果。然而现有完善的基于深度学习的图像分割技术，主要包括边缘区域分割和语义图像分割两种方式。

基于传统图像处理的边缘检测方法对于理想场景、简单背景、规则构件下的图像具有一定的适用性，但是在实际工程应用中，由于背景复杂多变、外部光照以及物体遮挡等干扰因素，仅通过亮度、颜色以及纹理变化等信息难以获得理想的边缘检测效果。此外，传统的边缘检测方法在检测边缘的精度、连续性、定位准确性等方面也存在一定的局限性。

随着深度学习技术在机器视觉领域的广泛应用,深度学习技术为边缘检测提供了新的解决途径。相较于传统方法,基于深度学习的边缘检测能够在原始图像中逐层提取像素信息,在一定程度上克服传统边缘检测方法的局限性,尤其在复杂场景边缘检测中适应性更好,鲁棒性更高,精确度更高。

边缘区域分割往往通过检测图像中物体的边缘来辅助图像分割,强调图像中不同区域的边缘,并通过检测物体的边缘来进一步提高图像分割的精度。相较于边缘区域分割,语义图像分割则是直接对图像中不同物体或区域进行分割,并将分割后的图像区域进行分类或识别,虽然可能带来一定程度上分割精度的降低,但简化了图像分割的步骤,提高了图像分割的工作效率。

传统的语义分割方法不仅在准确率、适用范围和运算效率等方面存在不足,而且在特征提取器(如 SIFT 和 HOG 等)方面,仍依赖人工设置的相关参数。基于深度学习的语义分割网络采取数据驱动的方式,通过全卷积来自动学习和提取图像特征,避免了人工设置特征的复杂性和误差性,扩展了大数据和复杂场景下的图像分割任务,并实现了端到端的图像检测和分割。相较于传统的语义分割模型,基于深度学习的语义分割模型由于具有更好的性能和效率,逐渐成为图像分割领域的主流方法。在 FCN、U-Net、SegNet、PSPNet、DeepLabv 等众多基于深度学习的语义分割方法中,U-Net 网络采用"编码器-解码器"的对称式结构,并在解码器中添加了大量的跳跃式连接,通过不断结合解码器中的低层特征和编码器中的深层特征,实现了较高的图像分割精度,从而得到较为广泛的应用。

U-Net 网络由 Ronnerberger 等学者在 2015 年提出,在医学图像分割领域有着极为广泛的应用,U-Net 网络的名称来源于其"U"形的网络结构。U-Net 网络在提出之初,其结构如图 6-1 所示,整个网络仅采用了卷积和池化操作,且处理的输入图像为单通道灰度图像。

U-Net 网络在扩展路径(expensive path)中通过跳跃连接融合收缩路径(contracting path)提取到的特征图,使其在上采样过程中能够融合低级和高级特征信息,进一步提高深度学习模型的泛化性和准确率。然而,由于 Ronnerberger 等人在利用 U-Net 网络进行图像处理时,并未对图像进行 Padding 操作,以至于卷积操作前后特征图的尺寸大小发生改变,进而导致在进行每一次跳跃连接之前,都需对收缩路径(contracting path)中池化输出的特征图进行相应的裁剪操作,增加网络复杂度的同时,还造成了部分语义特征信息的丢失。

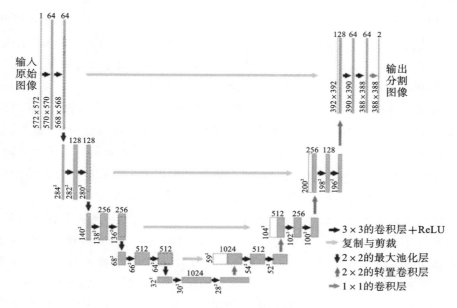

图 6-1 U-Net 提出时的网络结构

针对上述问题，众多学者采用 Padding 操作，即在特征图外围填充数字为 0 的参数，填充的圈数由 Padding 值来确定，如当 Padding＝1 时，即在特征图的外围填充一圈数字为 0 的参数。图像进行卷积操作后，图像尺寸计算公式如式（6-7）所示。

$$N = (W - F + 2P)/S + 1 \qquad (6\text{-}7)$$

式中，N 为输出图像尺寸；W 为输入图像尺寸；F 为卷积核大小；P 为 Padding 值；S 为步长。

众多学者在采用 Padding 操作时，将 P 值设置为 1，将 S 值同样设定为 1，以此来确保卷积后图像的尺寸不发生变化。改进后的 U-Net 网络结构如图 6-2 所示，采用了对称式解码器-编码器结构，卷积操作过程中，S 值和 P 值均设置为 1，使其在进行跳跃连接前，无需对下采样池化输出的特征图进行裁剪操作。

在编码器阶段，通过 4 组编码块进行下采样，逐步提取图像较深层的特征，其中每组编码块包括 2 个 3×3 的卷积层、2 个 ReLU 激活函数以及 1 个 2×2 的最大池化层。由于池化层的步长为 2，使得在下采样过程中，每经过 1 组编码块，输出的特征图尺寸变为输入图像尺寸的一半。在完成 4 组编码块下采样后，将特征图连续经过 2 个卷积核为 3×3 的卷积层和 ReLU 激活函数后，可得到编

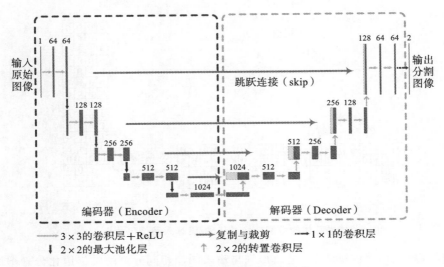

图 6-2　改进后的 U-Net 网络结构

码器输出的特征图。

　　对于编码器输出的特征图,U-Net 网络通过转置卷积来进行解码操作,而普通卷积经转置操作后即可得到转置卷积。其中普通卷积的计算公式见式(6-8)

$$I^{\mathrm{T}} \times C = O^{\mathrm{T}} \tag{6-8}$$

　　转置卷积的计算公式为式(6-9)

$$O^{\mathrm{T}} \times C^{\mathrm{T}} = I^{\mathrm{T}} \tag{6-9}$$

式中,I^{T} 为图像向量化的数据,C 为卷积核向量化的矩阵,O^{T} 为输出的特征向量,C^{T} 为卷积核向量化后的转置矩阵。

　　然而,在卷积实际计算操作过程中,因计算机无法对图像数据进行直接操作,所以需要将图像矩阵数据转换为向量的形式,并且由于计算机在实际卷积操作过程时,提前将卷积过程中所需的卷积核转换为等效矩阵,卷积核的数据转换过程如图 6-3 所示。将上述数据进行变换后输入向量和卷积核矩阵的乘积,而后输出特征向量。

　　在解码器阶段,同样通过 4 组编码块进行上采样,但此时的每个编码块包括 1 个 2×2 转置卷积层、2 个 3×3 的卷积层和 2 个 ReLU 激活函数。在上采样过程中,通过 2×2 转置卷积层来逐步提高特征图的分辨率,并通过跳跃连接来将编码器中相应层的特征图与解码器中相应层的特征图相连接,将连接后的特征图依次进行 2 次卷积层操作后,即完成 1 个编码块的上采样。在完成 4 个编码块的上采样后,将最后一层卷积层通过 1 个卷积核为 1×1 的卷积层后,将特征

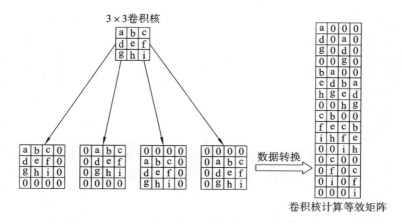

图 6-3 卷积核的数据转换过程(假设输入图像尺寸为 4×4)

向量映射到网络的输出层,进而得到与输入图像相同分辨率的二值化分割图像。

由于 U-Net 网络仅采用卷积和池化操作,因此 U-Net 网络在确保输入特征图不小于设定的卷积核大小情况下,无需对输入图像的尺寸大小进行规范操作,使得其应用范围更为广泛。

6.3 锈蚀目标区域分割的应用案例

下文将结合具体的语义分割方法的实例程序对锈蚀目标区域分割问题进行详细分析,使读者能够熟练地掌握利用 Python 语言设计深度神经网络并实现锈蚀目标区域的检测与分割,并通过锈蚀图像的区域分割实例说明深度神经网络如何解决实际问题。

(1)数据集说明。

对于图像分割而言,其数据集的质量直接影响深度学习模型的分割准确率,因此建立高质量的锈蚀分割数据集是最关键的一步。锈蚀语义分割数据集不仅需要原始的锈蚀图像,而且更需要经过人工标注锈蚀区域的标签图像。目前锈蚀图像分割在国内外虽有少量研究,但是并没有公开的锈蚀图像分割数据集,因此本节所示案例通过互联网资源、文献资源以及人工采集等多种方式收集锈蚀图像,其标准锈蚀图像数据集的构建过程如图 6-4 所示。

首先,通过 Github、Google 和百度等工具搜索互联网上公开的金属表面锈蚀图像,从部分金属锈蚀领域的参考文献中选用符合要求的图像,从公开的

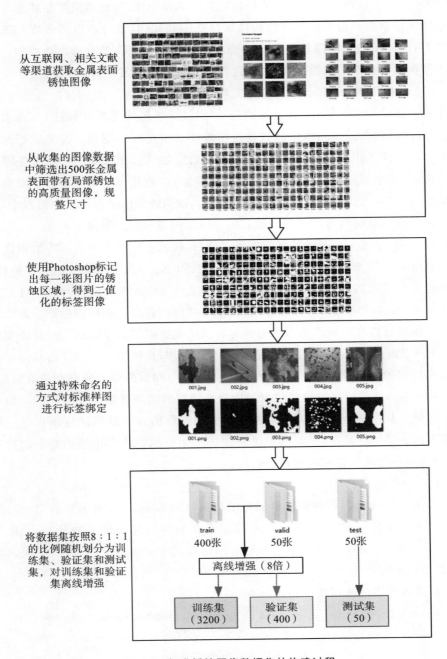

从互联网、相关文献等渠道获取金属表面锈蚀图像

从收集的图像数据中筛选出500张金属表面带有局部锈蚀的高质量图像，规整尺寸

使用Photoshop标记出每一张图片的锈蚀区域，得到二值化的标签图像

通过特殊命名的方式对标准样图进行标签绑定

将数据集按照8∶1∶1的比例随机划分为训练集、验证集和测试集，对训练集和验证集离线增强

图 6-4　标准锈蚀图像数据集的构建过程

ULTIR 锈蚀图像数据集中选取清晰度较高的锈蚀图像,以此构成原始的金属表面锈蚀图像数据。由于这些锈蚀图像尺寸各不相同,且部分数据清晰度和适用性较差,因此从收集的图像数据中筛选出 500 张金属表面带有局部锈蚀的高质量图像构成本案例的原始图像,对其进行尺寸规整后命名为 Rust500。

然后,采用 Photoshop 中的钢笔工具标注出 Rust500 中每一张的锈蚀区域,其中锈蚀区域用白色标注,其像素值设为 255,背景区域用黑色标注,其像素值设为 0,以得到 Rust500 中每一张锈蚀图像的二值化标签图像。在完成所有图像数据的标注工作后,通过特殊命名的方式对原始锈蚀图像和二值化标签图像进行绑定,其中原始锈蚀图像采用 jpg 格式保存,二值化标签图像序号与对应的原始图像保持一致,但是采用 png 格式保存。在训练深度学习模型的过程中,每次读入图像信息时即可以使用后缀名区分原始图像与标签图像。

最后,在完成所有图像数据的准备工作后,按照 8∶1∶1 的比例将数据集划分为训练集(400 张)、验证集(50 张)、测试集(50 张)。为了增加数据的多样性,避免过拟合情况的发生,采用水平翻转、垂直翻转、放大 1.4 倍、旋转 45 度并放大 1.4 倍、亮度增强至 1.2 倍、亮度降低至 0.8 倍以及高斯模糊等操作对训练集和验证集进行离线增强。通过增强操作将训练集数据扩充至 3200 张,验证集数据扩充至 400 张。对于测试集,则不采取增强操作,直接用于模型评估从而保证测试集数据的真实性,由此得到可用于模型训练与测试的语义分割锈蚀数据集。

图 6-5 为从标准锈蚀图像数据集中随机选取的锈蚀图像及其对应的二值化标签图像。从图 6-5 中可以看出,本案例中的锈蚀图像数据集涵盖了多种应用场景下的金属锈蚀特征,从局部发生锈蚀的钢架桥到整体发生锈蚀的钢制管道等,锈蚀面积与锈蚀程度覆盖范围较广。

(2)加载数据。

采用 PyTorch 提供的数据集加载工具 torchvision,同时对图像数据进行预处理。为方便起见,已经将 Rust500 数据集存放在当前目录下的 dataset 目录下。采用 CustomDataSet 子函数分别对原始数据 Rust500 进行处理,生成训练集、验证集和测试集进行处理,具体代码如下。

```
# 导入所需的库以及子函数模块
from dataset.dataset import CustomDataSet,save_test_metirc
from torch.utils.data import DataLoader,Dataset
import torch
import torch.nn as nn
```

```
import torch.nn.functional as F
import os
import cv2
```

设置锈蚀数据集中训练集 train、验证集 valid 以及测试集 test 的文件路径

```
train_folder=r'./aug/train'
valid_folder=r'./aug/valid'
test_folder=r'./test'
```

采用 CustomDataSet 子函数分别对 Rust500 进行处理，生成训练集、验证集和测试集

```
train_set=CustomDataSet(train_folder)
valid_set=CustomDataSet(valid_folder)
test_set=CustomDataSet(test_folder)
```

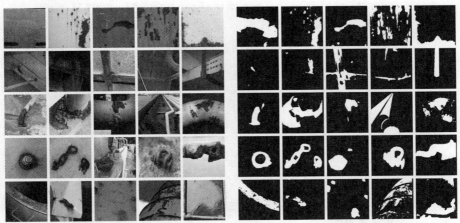

(a) 原始锈蚀图像　　　　　　　　　　(b) 二值化标签图像

图 6-5　锈蚀图像和二值化标签图像

　　CustomDataSet 子函数采用 transforms. ToTensor 函数将图片数据转换为 (C，H，W) 的张量数据，采用 transforms. Normalize 函数对数据进行归一化处理。采用 OpenCV 模块对图像进行处理，其中原始图像存在 img 文件夹内，对应的二值化标签图像则存放在同一路径的 msk 文件夹中。具体代码如下。

```
class CustomDataSet(Dataset):
    def __init__(self, data_folder,
```

```
img_transforms= transforms.Compose([transforms.ToTensor(),
transforms.Normalize((0.5, 0.5, 0.5),(0.5, 0.5, 0.5))])):
    img_folder_path=os.path.join(data_folder,'img')
        self.img_path_list=[os.path.join(img_folder_path,
        img_name)  for  img_name in os.listdir(img_folder_path)]
        self.msk_path_list= [os.path.join(img_folder_path.
        replace('img','msk'), img_name.replace ('.jpg','.png
        '))  for  img_name in os.listdir(img_folder_path)]
        self.img_transforms=img_transforms
    # 处理数据
    def __getitem__(self, index):
        # data_path_list=self.data_path_list
        # 读取数据，调整尺寸
        img=self.read_as_rgb(self.img_path_list[index])
        msk=self.read_as_gray(self.msk_path_list[index])
        _, msk=cv2.threshold(msk, 127, 1, cv2.THRESH_BINARY)
        # 转张量
        # if self.to_tensor:
        img=self.img_transforms(img.copy())
        msk=self.msk_to_tensor(msk).unsqueeze(dim= 0)
        return img, msk
    def __len__(self):
        return len(self.img_path_list)
    # 读取图像
    @ staticmethod
    def read_as_rgb(img_path):
        img=cv2.imread(img_path)
        img=cv2.cvtColor(img, cv2.COLOR_BGR2RGB)
        # if not img_size:
        # img=cv2.resize(img, img_size, interpolation=cv2.
        INTER_CUBIC)
        return img
```

116

```
# 读取标签
@ staticmethod
def read_as_gray(msk_path):
    msk=cv2.imread(msk_path)
    msk=cv2.cvtColor(msk, cv2.COLOR_BGR2GRAY)
    # if not img_size:
    # msk=cv2.resize(msk, img_size, interpolation= cv2.INTER_CUBIC)
    return msk
@ staticmethod
def msk_to_tensor(msk):
    return torch.from_numpy(msk).float()
```

在完成数据集的制作与划分之后,采用 DataLoader 函数将自定义的 Dataset 封装成一个 Batch Size 大小的 Tensor 用于后面的训练,其中超参数 batchsize 设置为 4(batch_size=4),对训练集采用重新随机排序的方式(shuffle =True),设置线程数量为 20(num_workers=20);对测试集则采用单张图片依次验证的方式(batch_size=1)。具体代码如下。

```
# 对数据进行封装
train_loader=DataLoader(train_set,batch_size= 4,shuffle=
True, num_workers= 20)
valid_loader=DataLoader(valid_set,batch_size= 4,shuffle=
False, num_workers= 20)
test_loader=DataLoader(test_set,batch_size= 1,shuffle=
False)
```

(3) 构建网络。

在本案例中,采用 U-Net 网络模型对锈蚀图像数据集进行训练和测试, U-Net网络模型主要包括编码器和解码器两部分,编码器由 4 个相同的编码块 (Down)组成,解码器由 4 个相同的解码块(Up)组成。在编码器(下采样)部分, 首先采用 DoubleConv 子函数对输入图像进行两次卷积操作,然后采用 Down 模 块对特征图进行 4 次连续下采样,每经过一次下采样,操作特征图尺寸减半且通 道数翻倍;在解码器(上采样)部分,先采用 Up 模块对特征图进行 4 次连续上采 样。在上采样过程中,为减少模型计算量,采取同样具备良好效果的双线性插值策略，对输出的特征图进行上采样操作。每经过一次上采样操作，特征图尺寸翻倍且通道数减半，之后采用 OutConv 子函数对将特征向量映射到网络的输出层。具体代码如下。

```
class UNet(nn.Module):
    def __init__(self, in_channels, num_classes, bilinear=
    True):
        super(UNet, self).__init__()
        self.n_channels=in_channels
        self.n_classes=num_classes
        self.bilinear=bilinear
        self.inc=DoubleConv(in_channels, 64)
        self.down1=Down(64, 128)
        self.down2=Down(128, 256)
        self.down3=Down(256, 512)
        factor=2 if bilinear else 1
        self.down4=Down(512, 1024 // factor)
        self.up1=Up(1024, 512 // factor, bilinear)
        self.up2=Up(512, 256 // factor, bilinear)
        self.up3=Up(256, 128 // factor, bilinear)
        self.up4=Up(128, 64, bilinear)
        self.outc=OutConv(64, num_classes)
    def forward(self, x):
        x1=self.inc(x)
        x2=self.down1(x1)
        x3=self.down2(x2)
        x4=self.down3(x3)
        x5=self.down4(x4)
        x=self.up1(x5, x4)
        x=self.up2(x, x3)
        x=self.up3(x, x2)
        x=self.up4(x, x1)
        logits=self.outc(x)
```

```
            return logits
# 下采样模块
class Down(nn.Module):
    """Downscaling with maxpool then double conv"""
    def __init__(self, in_channels, out_channels):
        super().__init__()
        self.maxpool_conv=nn.Sequential(nn.MaxPool2d(2),
        DoubleConv(in_channels, out_channels) )
    def forward(self, x):
        return self.maxpool_conv(x)

# 上采样模块
class Up(nn.Module):
    """Upscaling then double conv"""
    def __init__(self, in_channels, out_channels, bilinear=
    True):
        super().__init__()
        # 如果是双线性,则使用正常卷积来减少通道数
        if bilinear:
            self.up=nn.Upsample(scale_factor= 2, mode=
            'bilinear', align_corners= True)
            self.conv=DoubleConv(in_channels, out_channels,
            in_channels // 2)
        else:
            self.up=nn.ConvTranspose2d(in_channels , in_
            channels // 2, kernel_size= 2, stride= 2)
            self.conv=DoubleConv(in_channels, out_channels)
    def forward(self, x1, x2):
        x1=self.up(x1)
        # input is CHW
        diffY=x2.size()[2] - x1.size()[2]
        diffX=x2.size()[3] - x1.size()[3]
        x1=F.pad(x1, [diffX // 2, diffX - diffX // 2,diffY // 2,
```

```
diffY - diffY // 2])
x=torch.cat([x2, x1], dim= 1)
return self.conv(x)
```

在 DoubleConv 子函数中，包含 2 次 3×3 的卷积操作，每一次卷积操作均采用 nn.Conv2d 进行卷积运算，采用 nn.BatchNorm2d 函数进行批量归一化，采用 nn.ReLU 函数进行非线性激活。而在 OutConv 子函数中，采用 1 个卷积核为 1×1 的卷积函数 nn.Conv2d 将特征向量映射到网络的输出层。具体代码如下。

```
# 两次卷积操作
class DoubleConv(nn.Module):
    """(convolution = >  [BN] = >  ReLU) *  2"""
    def __init__(self, in_channels, out_channels, mid_
    channels= None):
        super().__init__()
        if not mid_channels:
            mid_channels=out_channels
            self.double_conv=nn.Sequential(
            nn.Conv2d(in_channels, mid_channels, kernel_size
            = 3, padding= 1),
            nn.BatchNorm2d(mid_channels),
            nn.ReLU(inplace= True),
            nn.Conv2d(mid_channels, out_channels, kernel_size
            = 3, padding= 1),
            nn.BatchNorm2d(out_channels),
            nn.ReLU(inplace= True))
    def forward(self, x):
        return self.double_conv(x)
# 输出映射
class OutConv(nn.Module):
    def __init__(self, in_channels, out_channels):
        super(OutConv, self).__init__()
        self.conv=nn.Conv2d(in_channels, out_channels,
```

```
kernel_size= 1)
    def forward(self, x):
        return self.conv(x)
```

（4）训练模型。

锈蚀图像语义分割本质上是一个像素级别的二分类任务，在本案例中采用焦点损失函数 BinaryFocalLoss，选择自适应矩估计优化器 Adam(torch.optim.Adam)进行网络模型参数的优化更新。在具体操作中，设一阶矩的指数衰减率为 0.9，二阶矩估计的指数衰减率 0.999（betas＝(0.9, 0.999)），权重衰减系数为 0.00001（eps＝1e-06），训练轮数为 50 个 epoch（epochs＝50），初始学习率为 0.001（lr＝1e-03），使用 ReduceLROnPlateau 动态学习率调整策略，完成学习率自动衰减。最终可得到每轮训练集损失函数值（图 6-6）和准确率（图 6-7）。具体代码如下。

```
model=torch_keras.Model(get_models(idx)) # 设定当前训练的模型
optimizer=torch.optim.Adam(model.parameters(), lr= 1e-03,
betas= (0.9, 0.999),eps= 1e-06)
scheduler=torch.optim.lr_scheduler.ReduceLROnPlateau
(optimizer, mode= 'min',factor= 0.5, patience= 2, verbose=
False, threshold= 0.0001, threshold_mode= 'rel', cooldown= 0,
min_lr= 1e-6, eps= 1e-08)
model.compile(loss_func=BinaryFocalLoss(),
        optimizer=optimizer,
        scheduler=scheduler,
        metrics_dict= {
        'ACC':Metric().accuracy,
        'PRE':Metric().precision,
        'REC':Metric().recall,
        'F1':Metric().f1_score,
        'IOU':Metric().iou,},
        device=torch.device("cuda:0" if torch.cuda.is_
        available() else "cpu"))
print(f'开始训练 {model.name()} ......')
dfhistory = model.fit(epochs=50,dl_train=train_loader,dl_
```

```
val=valid_loader,log_step_freq=800)
model.save(r'result\{}'.format(model.name()))
save_test_metirc(r'result\{}'.format(model.name()),
'metrics.txt',str(model.evaluate(test_loader)))
```

从图 6-6 中可以看出，训练集的损失函数值整体呈下降趋势，在迭代训练 30 轮后即稳定在 0.015 左右。从图 6-7 中可以看出，训练集的准确率整体呈上升趋势，在迭代训练 20 轮后即稳定在 94％以上。

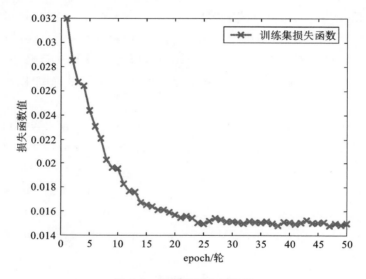

图 6-6　训练集损失函数值

（5）测试模型。

选择测试集数据对训练好的 U-Net 模型进行测试，可以对指定的单张图片完成锈蚀区域分割预测，也可以通过读取文件路径下的所有图片实现锈蚀分割预测并将分割结果（二值化预测图）自动存放在指定的路径中。具体代码如下。

```
device='cuda' if torch.cuda.is_available() else 'cpu'
unet=UNet(3, 1)
unet.load_state_dict(torch.load(r'UNet/UNet.pth', map_
location= torch.device(device)))
predict={'unet': {'model': unet,'save_path': r'pred/unet'},}
folder = r'test/img'
img_path_list=[os.path.join(folder, img_name) for img_name in
```

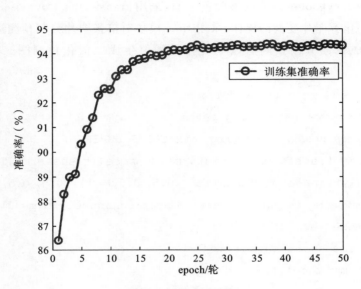

图 6-7　训练集准确率

```
os.listdir(folder)]
save_folder=r'test/result_cmp'
for key in predict.keys():
    time_all=0
    model=predict[key]['model']
    path=save_folder
    if not os.path.exists(path):
        os.makedirs(path)
    for img_path in img_path_list:
        pred_img,time_temp=pred(img_path, model)
        time_all=time_all +time_temp
        save_name=os.path.split(img_path)[-1].split('.')[0]
        + '_' + model.__class__.__name__ + '.png'
        save_path=os.path.join(path, save_name)
        cv2.imwrite(save_path, pred_img)
print('{}的运行速度为{}'.format(key,time_all/50))
```

图像锈蚀区域分割预测 pred 子函数通过 cv2. imread 函数读取待分割图

像,采用 cv2.cvtColor 函数调整颜色空间,采用 transforms.Compose 串联张量转换、归一化等图片变换的操作,采用 time 模块对单张图片分割预测进行计时,在模型完成锈蚀分割预测后以 0.5 作为阈值生成二值化预测图。具体代码如下。

```
def pred(img_path, model):
    img=cv2.imread(img_path)
    img=cv2.cvtColor(img, cv2.COLOR_BGR2RGB)
    img_transforms= transforms.Compose([transforms.ToTensor
    (),transforms.Normalize((0.5, 0.5, 0.5),(0.5, 0.5, 0.5))])
    img=img_transforms(img.copy()).unsqueeze(dim= 0)
    model.eval()
    time_start=time.time()
    temp=model.forward(img)
    time_end=time.time()
    time_temp=time_end- time_start
    output=torch.sigmoid(temp)
output=output[0]
out= torch.where(output> 0.5,torch.ones_like(output)* 255,
torch.zeros_like(output)).squeeze().numpy()
return out,time_temp
```

在 50 张测试图像中绝大部分的图片预测结果非常精确(表 6-1),其准确率达到 92.2%,平均交并比指标为 0.722,单张图片的运行时间为 0.205 s,由此可见本案例采用的 U-Net 模型能够有效实现锈蚀区域的检测与分割,具备一定的实用性。

表 6-1   U-Net 模型分割性能

锈蚀分割模型	准确率	精确率	召回率	Dice 系数	交并比	运行时间/s
U-Net	92.2%	88.5%	79.3%	0.817	0.722	0.205

图 6-8 为测试集中部分锈蚀图片经 U-Net 模型处理后的锈蚀区域分割结果,从图中可以看出 U-Net 模型分割的锈蚀区域与人工标注的标签图像非常接近,对于部分简单背景下的锈蚀图像分割精度较高。

图 6-9 为测试集中极少数图像经 U-Net 处理后分割失效的案例,从图 6-9

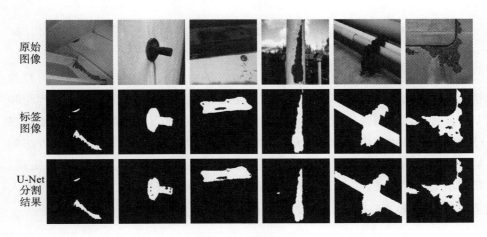

原始
图像

标签
图像

U-Net
分割
结果

图 6-8 U-Net 模型处理后的锈蚀区域分割结果

中可以看出当图像背景干扰因素较多或者存在相似度极高的干扰物时,传统 U-
Net 模型的锈蚀分割结果质量较差,其分割结果难以体现原始图像中锈蚀区域
的主体轮廓。由此可见,这类图像在模型训练时难以聚焦锈蚀特征,后续研究可
以考虑在模型中加入注意力机制使锈蚀分割模型能够有效学习锈蚀特征,减少
背景干扰,从而提升模型鲁棒性。

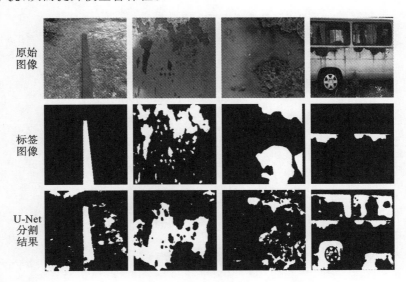

原始
图像

标签
图像

U-Net
分割
结果

图 6-9 U-Net 模型处理后的失效案例

6.4　本　章　小　结

通过锈蚀图像的锈蚀目标区域分割可以精确地求出锈蚀比,进而为后续的锈蚀综合评估提供重要参数依据。本章详细介绍了锈蚀区域分割的基础理论和基于深度学习的锈蚀区域分割应用案例。基于深度学习的锈蚀区域分割能够在原始锈蚀图像中逐层提取像素信息,在一定程度上克服了传统区域分割方法的局限性,尤其在复杂场景中对锈蚀的模糊边缘检测的适应性更好、鲁棒性更高、精确度更高。但是,基于深度学习的锈蚀区域分割算法相对比较复杂,对技术人员的要求较高。

第7章　锈蚀图像的锈蚀等级评估

　　水工金属结构、海洋平台等长期处于水域环境,受水流冲击、泥沙冲磨、水体浸泡、干湿交替、水生物侵蚀等水域特殊环境因素影响,其结构表面不可避免地会产生锈蚀。对水工机械装备而言,当锈蚀程度轻微时,锈蚀对其承载能力、刚度和稳定性影响极小,但当其锈蚀程度严重时,若不及时采取维修加固措施,则会引起金属构件断面面积减少、截面应力提高,进而导致构件承载能力、刚度和稳定性逐步下降,甚至会严重影响设备的运行稳定性和可靠性,缩短设备使用寿命,威胁受损结构周围人员的生命安全。

　　为了延长水工机械设备的使用寿命,目前普遍采用定期维修检测和在表层涂刷防护涂料的方式对其锈蚀区域进行维护。美国材料与试验学会(ASTM)提出了评定锈蚀性能并确定了喷涂修复计划的相关指南,我国也制定了类似于ASTM的锈蚀等级评测标准,其中锈蚀程度是制定修复计划的重要指标因素。

　　如何准确评定锈蚀区域的锈蚀程度?传统上,对水工机械装备的锈蚀检测主要以人工目视为主,检修人员通过锈蚀区域外观、大小和位置等情况,再结合国标样图来判断待检测设备的锈蚀等级。然而,在工业现场通过人工目测,整个过程花费时间较长,对检测人员的检测经验要求较高,检测人员可能存在视觉疲劳的情况且评定结果具有较强的主观性。

　　近年来,数字图像技术已开始应用于大型金属结构的锈蚀特征检测,根据锈蚀特征选取方式的不同可以将锈蚀图像的锈蚀等级评估方法归纳为两大类:一类是基于传统图像处理方法,人工构建特征指标后再结合浅层学习模型进行判断;另一类则是基于深度神经网络,对锈蚀图像的像素指标进行自主学习。两种方法均能有效进行锈蚀图像的锈蚀等级评估,相较而言,基于深度神经网络的评估方法综合性能更优,但对研发人员技术水平的要求也更高。

7.1 锈蚀等级评估的理论基础

国标样图按照钢材锈蚀程度将其锈蚀等级划分为 4 个等级,并给出了每个锈蚀等级的标准样图以及对应的文字描述,如图 7-1 所示。

| A级锈蚀 | B级锈蚀 | C级锈蚀 | D级锈蚀 |

钢材表面大面积地覆盖着氧化皮,几乎没有锈。　钢材表面开始生锈,氧化皮脱落。　钢材表面氧化皮已经因为锈蚀而脱落或者可以被刮掉,但是正常目测下只能看到少量的点状锈斑。　钢材表面氧化皮已经因为锈蚀而脱落,正常目测下可以看到大量的锈斑。

图 7-1 国标样图示例

以国标样图作为对比标准,绘制 3 个颜色通道的像素直方图,如图 7-2 所示。从图中直方图可以看出,D 级锈蚀与其他 3 类差距较大,其中 R、G、B 三个分量像素直方图的波峰均集中在 0,而 A、B、C 三类像素直方图均明显呈现较为接近的波峰。

国标样图显然无法满足智能学习模型对训练样本的数量要求,浅层学习模型在训练过程中至少需要上百张锈蚀等级样图,深度学习模型为了在训练过程中得到较好的学习效果,甚至需要数万张典型样图。

为了获取更多的锈蚀等级标准样图,可以采用盐雾锈蚀加速试验来获取特定金属材料在不同阶段的锈蚀图像标准样图。以水工金属结构常用的 Q235 钢为例,采用 BS90C 型盐雾试验箱(图 7-3(a))对特定尺寸的 Q235 钢板进行加速锈蚀,试验过程中,采用质量分数为 5% 的氯化钠溶液以循环式交替方式持续喷雾,构造 Q235 钢板加速锈蚀的盐雾环境。

达到预设的试验时长后依次将钢板试样从盐雾试验箱中取出,随后采用 CCD 相机采集钢板表面锈蚀图像(图 7-3(b)),直到钢板试样达到最大锈蚀程度时试验结束,即可得到数千张 Q235 钢板锈蚀的样本图像。通过盐雾锈蚀试验获取的 Q235 钢板锈蚀的样本图像是否与国标样图一致需要像素扫描对比来进行验证。

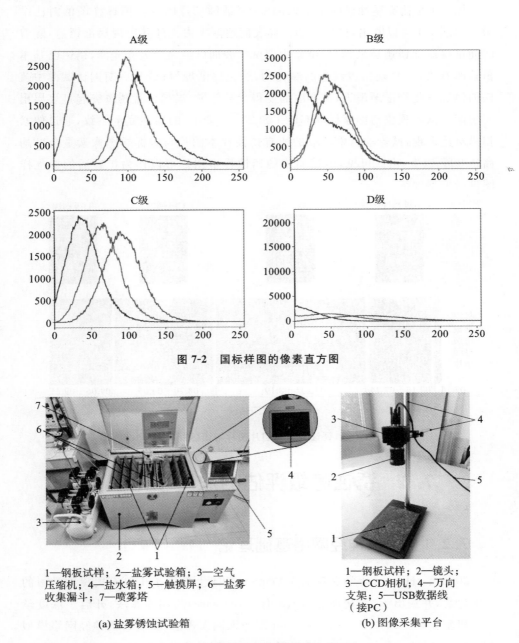

图 7-2　国标样图的像素直方图

1—钢板试样；2—盐雾试验箱；3—空气压缩机；4—盐水箱；5—触摸屏；6—盐雾收集漏斗；7—喷雾塔

(a) 盐雾锈蚀试验箱

1—钢板试样；2—镜头；3—CCD相机；4—万向支架；5—USB数据线（接PC）

(b) 图像采集平台

图 7-3　盐雾锈蚀试验及图像采集系统

图 7-4 是盐雾锈蚀试验中获取的 66 天锈蚀切片图片与国标样图的对比结果。由图 7-4 可以看出,试验早期试样表面逐渐失去光泽并出现局部锈迹,随着时间推移局部锈迹越来越多;试验中期试样表面已经完全失去光泽,锈蚀已基本覆盖所有表面,呈现出橙红色的氧化物,颜色逐渐加深;试验后期钢材试样中疏松的锈蚀氧化物逐渐消失,试样表面变得十分粗糙,局部位置锈斑突起且表层出现脱落。试验现象与国家标准 GB/T 8923.1—2011 的描述完全一致,通过像素扫描对比发现,试验项目中获取的所有锈蚀样本图片与国标样图像素重合度均高达 90% 以上,由此可见,本试验中的锈蚀样本图片可以作为扩容后的标准样图进行模型训练。

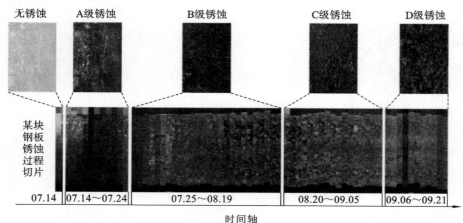

图 7-4 锈蚀试验的切片图片与国标样图对比

7.2 锈蚀等级评估的深度学习模型

7.2.1 卷积神经网络基础理论

2006 年,Hinton 等学者首次在 Science 杂志上发表了 1 篇有关深度学习的学术论文,并提出了"贪婪逐层"(greedy layer-wise)的训练算法,开启了深度学习的崭新篇章。2012 年,在 ImageNet 图像识别大赛上,深度卷积神经网络模型 AlexNet 夺得冠军。2014 年,谷歌研发出 20 层的 VGG 深度学习模型,同年,DeepFace、DeepID 等深度学习模型也相继被开发。2015 年,Hinton 等学者又在 Nature 杂志上撰文详细解析了深度学习的基本原理和核心优势。2016 年,美国麻省理工学院出版了有关深度学习的经典学术专著,系统分析了深度学习在图像识别、语音辨识、人机对弈等多个领域的应用潜力。

卷积神经网络(convolutional neural network,CNN)作为深度学习模型中的重要组成部分,其雏形是 LeCun 于 1990 年提出的一种应用在手写数字识别中的反向传播网络。与此同时,随着机器视觉和深度学习的快速发展,卷积神经网络在图像处理领域的应用日益广泛。如图 7-5 所示,卷积神经网络一般由一个或多个卷积层、池化层、全连接层和输出层组成。与其他网络不同,卷积神经网络运用卷积运算代替一般神经网络的乘法运算,像素单元之间并非一一对应连接,而是使用多个连接。卷积层提取特征信息时,多个卷积核分别进行卷积,从而可以提取不同类型的特征。二次采样(池化)层选取局部区域的均值或最大值输出,从而降低数据维度,提高 CNN 的抗噪能力。

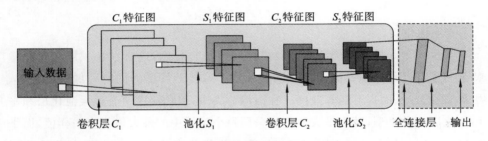

图 7-5　卷积神经网络的基本结构

(1) 卷积层。

在图像分类任务中,卷积层保留了输入图像数据的二维结构,采用卷积核对图像上相同尺寸的局部区域进行滑动加权求和运算得到特征图,而且可以通过模型反向传播进行训练得到每个卷积核权重参数。卷积运算示意如图 7-6 所示。

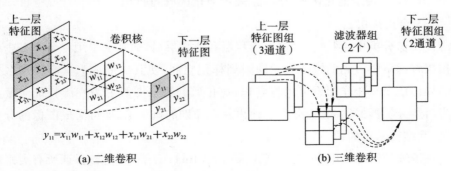

$$y_{11}=x_{11}w_{11}+x_{12}w_{12}+x_{21}w_{21}+x_{22}w_{22}$$

(a) 二维卷积　　　　　　　　　　　(b) 三维卷积

图 7-6　卷积运算示意

在卷积层中,每张图像均存在多通道信息,因此通常由与上一层通道数相同个数的卷积核组成一个滤波器(filter),进而对上一层每个通道的特征图进行卷积操作,其输出的特征图作为下一层的输入数据。卷积层的计算公式如式(7-1)所示。

$$x_j^l = f\left(\sum_{i \in M_J} x_i^{l-1} \times \boldsymbol{\omega}_{ij}^l + b_j^l\right) \tag{7-1}$$

式中,x_j^l 为第 l 层的第 j 个特征图;M_J 为特征图 x_i^{l-1} 的集合;$\boldsymbol{\omega}_{ij}^l$ 为特征图 x_j^l 对特征图 x_i^{l-1} 的权重矩阵;b_j^l 为对 x_j^l 特征映射图的偏置;$f(\cdot)$ 为激活函数。

在卷积神经网络中需要使用激活函数保证其非线性,即在进行卷积运算后将输出值另加偏移量,输入到激活函数中作为下一层的输入数据。在锈蚀等级评估中,激活函数通常采用 ReLU 函数,其公式如式(7-2)所示。

$$\text{ReLU}(x) = \max(0, x) \tag{7-2}$$

(2)池化层。

为进一步降低网络训练参数及模型的过拟合程度,通常在卷积层获得图像特征后进行池化处理。池化层可以在保留图像显著特征的同时降低特征维度、增加感受野,从而提升运算速度。在图像分类中,池化层主要有最大池化层和平均池化层两种类型,其中最大池化层采用每个区域中的最大值作为采样值,而平均池化层则对每个区域中所有值相加取平均值并将其作为采样值,最大池化层和平均池化层的计算公式如式(7-3)和式(7-4)所示。

$$x_{i,j}^l = \max_{i,j \in R(i,j)} \left(x_{i,j}^{l-1}\right) \tag{7-3}$$

$$x_{i,j}^l = \frac{1}{S_{R(i,j)}} \sum_{i,j \in R(i,j)} \left(x^{l-1}\right) \tag{7-4}$$

式中,$R(i,j)$ 表示池化区域;$S_{R(i,j)}$ 表示池化区域的面积。

(3)全连接层。

在图像分类中,网络经过多个卷积层和池化层后,通常会采用一个或多个全连接层将网络学习到的特征表示映射到标记空间,使其压缩成为具有类别区分性的局部信息。全连接层可以将卷积、池化后的特征图映射为一维特征向量并作为后续分类器的输入,由分类器输出每个类别的概率值,即可完成图像的分类预测,其结构示意如图 7-7 所示。

在锈蚀等级评估中,分类器通常采用 Softmax 分类器,能够保证所有类别的概率之和为 1,其中概率最大的类别序号即为该图像的预测类别,Softmax 公式如式(7-5)所示。

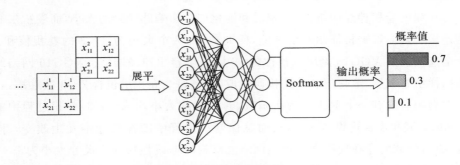

图 7-7　全连接层和分类器结构示意

$$y(x_i) = \frac{e^{x_i}}{\sum\limits_{i=1}^{n} e^{x_i}} \tag{7-5}$$

式中，x_i 为全连接的第 i 个输出；$y(x_i)$ 为所输出类别的概率，其取值范围在 0 到 1 之间，且满足相加之和为 1。

7.2.2　基于卷积神经网络 VGG16 的锈蚀等级评估模型

牛津大学计算机视觉组（Visual Geometry Group）在 ILSVRC 图像分类大赛中首次提出了 VGG 深层卷积神经网络，证明了连续的小卷积核（如 3×3 卷积核）代替大卷积核（如 11×11 卷积核）能够获得相同大小的感受野。由于在卷积神经网络中，感受野越大意味着提取出的特征图像对应于原始图像的范围越大，从而说明特征图所蕴含的语义信息更为全面，反之，感受野越小，特征图所包含的特征更加趋于局部和细节，因此 VGG 深层卷积神经网络的这一改进既降低了网络参数，又加深了网络层数，进一步增强了网络的表达能力。在卷积神经网络中，卷积层对图像进行特征提取时，其感受野的计算公式如式（7-6）所示。

$$RF_i = (RF_{i-1} - 1) \times S_i + k \tag{7-6}$$

式中，RF_i 表示第 i 层的感受野；RF_{i-1} 表示第 $i-1$ 层的感受野，k 表示卷积核的大小，S_i 表示第 i 层的步距。

通过式（7-6）计算，在步距默认为 1 的情况下，采用 1 个 3×3 的卷积核后，可获得的原图像感受野为 3×3，采用 2 个 3×3 的卷积核堆叠后，可获得的原图像最大感受野相当于 1 个 5×5 的卷积核，采用 3 个 3×3 的卷积核堆叠后可获得的原图像最大感受野相当于 1 个 7×7 的卷积核。因此，可以在相同大小的感受野中多次使用小卷积核来减少网络模型的参数量，又可以借此加深网络层数和增加非线性映射,从而提升网络模型的学习能力。

在深度卷积神经网络中,卷积层和池化层会影响感受野的大小,而卷积层和全连接层则会影响特征图的权重值,因此包含 13 个大小为 3×3 的卷积核和 3 个全连接层的 VGG16 网络也被称为 16 层深度卷积神经网络。VGG16 网络结构同样由卷积层、池化层和全连接层组成,但其每个卷积层包含 2~3 次卷积,且每次卷积后附有一个 ReLU 激活函数,卷积核的大小均为 3×3,卷积过程中的 Padding 值和步长均设置为 1,从而确保卷积过程中图像尺寸不发生改变。同时,激活函数的存在使得卷积神经网络能够提取非线性特征。尺寸大小为 2×2 的池化层位于卷积层后,其 2×2 的尺寸大小和步距大小为 2 的参数设置,使得池化后的特征图尺寸为原特征图尺寸的一半。在完成了对原图像的卷积和池化操作后,全连接层将输出的特征图映射为一维特征向量,经过 3 次全连接操作后,将输出的一维特征向量输入至 Softmax 分类器中,得到最终的检测分类结果。

大量实验研究表明,VGG16 网络可以在挖掘图像深层语义信息和网络模型参数量之间实现较好的平衡,这一优势使其在图像处理领域应用极为广泛。为进一步探究 VGG16 网络模型的结构及其运行原理,以尺寸大小为 H×W×C = 224×224×3 的 RGB 锈蚀图像为例,进一步阐述 VGG16 网络结构及其检测分类过程。

经典的 VGG16 卷积神经网络模型结构如图 7-8 所示,将原始锈蚀图像尺寸输入 VGG16 网络中,经过 block1 中卷积核大小为 3×3,步长为 1,且滤波器个数为 64 的卷积层后,特征图尺寸变为 224×224×64,block1 中 2×2 大小,且步长为 2 的池化层将原图像尺寸减半,使特征图尺寸变为 112×112×64;经过 block2 中卷积核大小为 3×3,步长为 1,且滤波器个数为 128 的卷积层后,特征图尺寸变为 112×112×128,经过 block2 的池化层后,特征图尺寸变为 56×56×256;同理,经过 block3 后特征图尺寸变为 28×28×512,经过 block4 后特征图尺寸变为 14×14×512,经过 block5 后特征图尺寸变为 7×7×512。其中 block1 和 block2 均包括 2 个卷积层和 1 个最大池化层,而 block3~block5 均包含 3 个卷积层和 1 个最大池化层。之后再经过 3 个全连接层后,特征图尺寸变为 1×1×4096,最后通过 Softmax 分类器输出 1000 个通道,从而得到分类结果。

然而,仅了解上述网络模型远远不能实现锈蚀图像的处理和分析,一方面,VGG16 网络模型是一种前向深度网络,另一方面,深度卷积神经网络往往是通

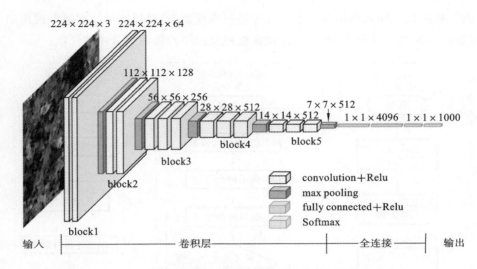

图 7-8　经典的 VGG16 卷积神经网络模型结构

过反馈损失函数值和学习率来进一步调整其提取特征的过程。因此,要想利用
VGG16 卷积神经网络模型进行图像处理,需要在了解其结构的同时,进一步设
定数据集批数、训练轮数、损失函数值、优化器和学习率等参数。

7.3　锈蚀等级评估的应用案例

7.3.1　锈蚀等级评估流程

锈蚀图像的锈蚀等级评估流程如图 7-9 所示,包含 3 个主要步骤:锈蚀分类
数据集建立、深度神经网络分类训练、结果输出与评价。

(1)构建锈蚀图像标准样图数据集。

在盐雾锈蚀试验箱内设定好盐雾锈蚀试验环境,促使金属试样钢板表面在
短期内产生所期望的锈蚀形貌特征。通过图像采集平台获取试样表面的锈蚀图
像,对锈蚀图像进行预处理并对其尺寸进行归一化处理,进而构建锈蚀图像标准
样图数据集。

(2)设计并训练深度神经网络。

初始化深度神经网络并设定各类参数,结合训练集对深度神经网络进行训
练,直到训练的结果满足预期的锈蚀等级分类误差为止。建立客观的综合评价

指标,将测试集输入到训练好的深度神经网络模型中,对深度神经网络的输出结果进行定性和定量分析,对比并评价深度神经网络的锈蚀等级评估性能。

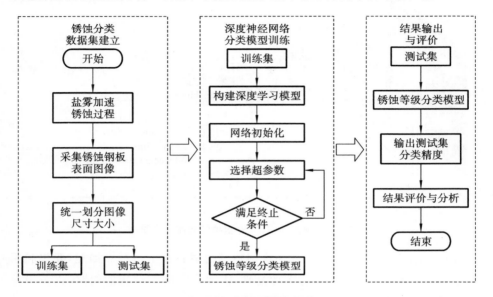

图 7-9　锈蚀图像锈蚀等级评估流程

7.3.2　锈蚀等级评估

下面将结合锈蚀等级评估的实例程序对 VGG16 深度神经网络的锈蚀等级评估问题进行详细分析,阐明深度神经网络如何解决实际锈蚀等级问题,使读者能够熟练掌握利用 Python 语言设计深度神经网络的基本方法。

(1) 数据集说明。

通过盐雾锈蚀试验得到 1584 张分辨率为 2592×1944 的钢板表面锈蚀图像,建立锈蚀等级的标准图库,主要经历以下 3 个主要步骤。

①以国家标准 GB/T8923.1—2011 中的 A 级锈蚀、B 级锈蚀、C 级锈蚀、D 级锈蚀以及无锈蚀共 5 个等级的标准样图为依据,基于 6.1 节介绍的像素扫描方式,将盐雾锈蚀实验得到的 1584 张锈蚀图像进行归类存放。

②对原始锈蚀图像中的锈蚀区域进行裁剪,并将所有裁剪后的钢板图像按照像素尺寸 256×256 的大小进行分块,从而得到 5000 余张锈蚀图像样本数据。这一步骤可以提高深度学习模型的训练效率,虽然从理论上讲原始图像可以直接作为深度学习模型的训练数据集,但是其像素尺寸较大,会加大网络模型的运

算负担,降低训练效率。

③对小尺寸的分块锈蚀样本图像进行标签绑定。这一步骤通常通过特殊命名的方式来实现,如将锈蚀样本图像以"图像序号_类别标签"的形式进行命名,在训练深度学习模型的过程中,每次读入图像信息时,将自动提取该图像文件名的最后 1 位信息作为该图像的锈蚀标签信息,据此迭代训练深度学习模型。

标准锈蚀图像样本集的构建过程如图 7-10 所示。

从 5000 余张带标签的分块图像中随机选取 2000 张锈蚀图像构造深度学习模型的训练集和测试集,本案例按照 4:1 的比例划分了训练集(共 1600 张,每个锈蚀等级各包含 320 张图像)和测试集(共 400 张,每个锈蚀等级各包含 80 张图像)。

图 7-11 显示了标准锈蚀图像样本集中不同锈蚀等级下随机选取的 5 张锈蚀图像。可以发现,试验早期试样表面逐渐失去光泽并出现局部锈迹,随着时间推移局部锈迹越来越多;试验中期试样表面已经完全失去光泽,锈蚀已基本覆盖所有表面,呈现出橙红色的氧化物,颜色逐渐加深;试验后期钢材试样中疏松的锈蚀氧化物逐渐消失,试样表面变得十分粗糙,局部位置锈斑突起且表层出现脱落。试验现象与国家标准中描述完全一致,通过像素扫描对比发现,试验项目中获取的所有锈蚀样本图片与国标样图的像素重合度均高达 90% 以上,由此可见,本试验中的锈蚀样本图片可以作为扩容后的标准样图进行模型训练。

(2) 加载数据。

采用 PyTorch 提供的数据集加载工具 torchvision 对图像数据进行预处理。为方便起见,将分块好的数据存放在当前目录下的 dataset 目录下。具体步骤如下。

①导入所需的库。具体代码如下。

```
# 导入常用模块
import torch
import os
from random import sample
# 导入预处理模块
import torchvision.transforms as transforms
from torch.utils.data import Dataset
# 导入 OpenCV 模块
import cv2
```

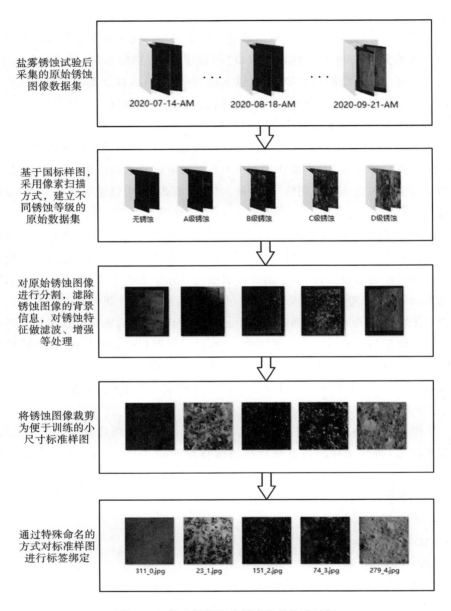

图 7-10　标准锈蚀图像样本集的构建过程

②在 make_dataset 子程序中对图像进行图像颜色空间转换、生成数据集存储路径、绑定标签等预处理操作。由于 Python 中 OpenCV 模块对图像的处理默认采用 BGR 颜色空间,而后续需要采用 RGB 和 HSI 两种颜色空间的图像,

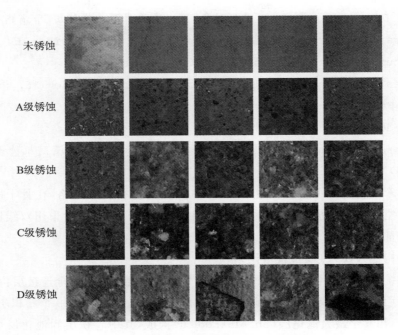

未锈蚀

A级锈蚀

B级锈蚀

C级锈蚀

D级锈蚀

图 7-11　标准锈蚀图像样本集的随机取样

因此使用 cv2. cvtColor 对图像进行转换，具体代码如下。

```
img_data_rgb=cv2.cvtColor(img_data_bgr, cv2.COLOR_BGR2RGB)
img_data_hsi=cv2.cvtColor(img_data_bgr, cv2.COLOR_BGR2HSI)
```

③数据集配置信息。以 LV_0 为例，训练集的比例为 0.8，LV_0 选取 400 张图像。具体代码如下。

```
data_config={'trainset_rate':0.8, 'dataset':{ 'LV_0': { 'data
_path': r'rust_data_all/LV_0',  img_num' :400, 'code':0}}}
```

④随机划分数据集。其中超参数 batchsize 设置为 16，对训练集采用重新随机排序的方式（shuffle＝True），设置线程数量为 10（num_workers＝10），采用 transforms. ToTensor()将图像数据转换为（C，H，W）的张量数据。具体代码如下。

```
train_size=int(data_config['trainset_rate']*  len(full_
dataset))
test_size=len(full_dataset) - train_size
train_dataset, test_dataset=torch.utils.data.random_split
(full_dataset, [train_size, test_size])
```

```
# DataLoader 是一个可迭代对象,可以像迭代器一样使用(节省内存)
train_loader=DataLoader(train_dataset, batch_size=16,
shuffle= True, num_workers= 10)
test_loader=DataLoader(test_dataset, batch_size= 16, shuffle
= False, num_workers= 10)
seed=2021 # 预设随机种子
torch.cuda.manual_seed_all(seed) # 为所有 GPU 设置随机种子
```

(3) 构建网络。

本章的锈蚀等级分类模型采用 VGG16 作为特征提取网络,在骨干网络中间采用空间注意力机制和通道注意力机制进行特征加强,最后采用双线性池化进行特征融合。具体内容如下。

① 构建 VGG16 特征提取网络。

传统 VGG16 网络由 13 个卷积层、5 个最大池化层和 3 个全连接层构成,而本章采用的 VGG 模型在此基础上去除 3 个全连接层,因此由 13 个卷积层(conv子函数)和 5 个最大池化层(nn. MaxPool2d)构成,其中卷积层和池化层可以划分为不同的块,从左到右依次编号为 block1~block5。block1 和 block2 均包括 2 个卷积层和 1 个最大池化层,而 block3~block5 均包含 3 个卷积层和 1 个最大池化层。该模型网络结构中所有卷积层的卷积核大小均为 3×3,步长为 1;最大池化层均采用 2×2 的池化核,步长为 2;激活函数选用 ReLU 函数(nn. ReLU)。具体代码如下。

```
import torch.nn as nn
import torch.nn.functional as F
import torch
# -------- VGG 特征提取模块 -------- #
class VGG(nn.Module):
    def __init__(self, in_channels= 3, n_class= None):
        super(VGG,self).__init__()
        self.conv1=conv_3x3_by_2(in_channels,32)
        self.pool1=nn.MaxPool2d(2)
        self.conv2=conv_3x3_by_2(32,64)
        self.pool2=nn.MaxPool2d(2)
        self.conv3=conv_3x3_by_3(64,128)
```

```
        self.pool3=nn.MaxPool2d(2)
        self.conv4=conv_3x3_by_3(128,128)
        self.pool4=nn.MaxPool2d(2)
        self.conv5=conv_3x3_by_3(128,128)
        self.relu=nn.ReLU(inplace= False)
    def forward(self,x):
        #  Size of X : [batch, channel, width, height] (b,c,w,h)
        x0=x                    # rgb or hsv(x 表示原始图像的颜色空间)
        x1=self.pool1(self.conv1(x0))    # (b,3,256,256) --
> (b,32,128,128)
        x2=self.pool2(self.conv2(x1))    # (b,32,128,128) --
> (b,64,64,64)
        x3=self.pool3(self.conv3(x2))    # (b,64,64,64) --
> (b,128,32,32)
        x4=self.pool4(self.conv4(x3))    # (b,128,32,32) --
> (b,128,16,16)
        x5=self.relu(self.conv5(x4))     # (b,128,16,16) --
> (b,128,16,16)
        return x5
```

其中 conv_3x3_by_2 表示 2 次标准卷积(默认卷积核大小为 3×3),conv_3x3_by_3 表示 3 次标准卷积,三者均不改变尺寸而只改变通道。以 conv_3x3_by_2 为例,其采用 nn. Conv2d 函数实现卷积操作,卷积核尺寸默认为 3(kernel_size=3),卷积步长默认为 1(stride=1),默认采用边界填充(padding=1),添加偏置(bias=True);采用 nn. BatchNorm2d 函数实现批量正则化;采用 nn. ReLU 函数作为激活函数;而主函数中采用 nn. MaxPool2d 函数进行最大池化操作。具体代码如下。

```
class conv_3x3_by_2(nn.Module):
    '''两次标准卷积(默认 3*3), 不变尺寸,只变通道'''
    def __init__(self, in_ch, out_ch, kernel_size= 3, stride=
1, padding= 1, bias= True):
        super(conv_3x3_by_2, self).__init__()
        self.conv=nn.Sequential(
```

```
        nn.Conv2d(in_ch, out_ch, kernel_size= kernel_size,
        stride= stride, padding= padding, bias= bias),
        nn.BatchNorm2d(out_ch),
        nn.ReLU(inplace= True),
        nn.Conv2d(out_ch, out_ch, kernel_size= kernel_
        size, stride= stride, padding= padding, bias= bias),
        nn.BatchNorm2d(out_ch),
        nn.ReLU(inplace= True)
        )
    def forward(self, x):
        x= self.conv(x)
        return x
```

②注意力机制模块。

本案例采用了空间注意力和通道注意力两种机制,其中空间注意力机制采用 nn. Sequential 函数进行有序封装,采用 nn. Conv2d 进行卷积操作,采用 nn. Sigmoid 函数进行激活操作、生成空间注意力权重;通道注意力机制采用 nn. AdaptiveAvgPool2d 函数进行全局平均池化操作,采用 nn. Conv2d 进行 1×1 卷积操作,最后通过 ReLU 激活和 Sigmoid 操作对特征进行非线性转换,将数值压缩到 0 到 1 之间生成通道注意力权重。本案例引入了通道注意力模块和空间注意力模块,分别嵌入到两路网络 block2 和 block3 的中间,以此提高分类模型对锈蚀颜色和纹理特征的提取能力。具体代码如下。

```
    # 空间注意力
    class sam(nn.Module):
        def __init__(self, in_ch):
            super(sam, self).__init__()
            self.att= nn.Sequential(
            nn.Conv2d(in_ch,1, kernel_
                size=1,stride=1,padding=0), nn.Sigmoid()
            )
        def forward(self, x):
            att= self.att(x)
            return  x* att
```

```
# 通道注意力
class cam(nn.Module):
    def __init__(self, in_ch):
        super(cam, self).__init__()
        self.att=nn.Sequential(
            nn.AdaptiveAvgPool2d(1),
            nn.Conv2d(in_ch,in_ch, kernel_size=1,stride=1,
            padding=0),
            nn.ReLU(inplace=True),
            nn.Sigmoid()
        )
    def forward(self, x):
        att=self.att(x)
        return  x* att
```

③构建网络模型。

本文网络模型中对 RGB 颜色空间输入图像采用添加有空间注意力机制的 VGG16 提取特征,对 HSI 颜色空间输入图像采用添加有通道注意力机制的 VGG16 提取特征,并采用 torch. bmm 函数实现双线性池化操作,从而将两路特征进行融合,采用 functional. normalize 函数进行正则化处理,从而实现分类效果,具体代码如下。

```
class BACNN(nn.Module):
    def __init__(self, in_channels=3, n_class=None):
        super(BACNN,self).__init__()
        self.vgg_a=VGG_SAM(in_channels,128)# 引用添加 SAM 的
        VGG16 子模块
        self.vgg_b=VGG_CAM(in_channels,128)# 引用添加 CAM 的
        VGG16 子模块
        self.sam=sam(128)# 采用空间注意力
        self.cam=cam(128)# 采用通道注意力
        # Classification layer
        self.fc=nn.Linear(128 *  128, out_features= n_class,
        bias= True)
```

```
def forward(self,x): # 前向传播
    #  Size of X : [batch, channel, width, height] (b,c,w,h)
    rgb,hsv=x.chunk(2,dim=1)# RGB 和 HSI 两种颜色空
    间作为输入
    out1=self.vgg_a(rgb)# RGB 颜色空间经过特征提取得到的
    输出
    out2=self.vgg_b(hsv)# HSI 颜色空间经过特征提取得到的
    输出
    #  attention 添加注意力模块
    assert out1.size() = =out2.size()#  输出应保持一致
    N=out1.size()[0]  #  batch size
    #  bilinear pooling 添加双线性池化模块
    out1=torch.reshape(out1, (N, 128, 16 * 16))
    out2=torch.reshape(out1, (N, 128, 16 * 16))
    out=torch.bmm(out1, torch.transpose(out2, 1, 2)) / (16
    * 16)# 对双线性特征进行融合增强
    assert out.size() = =(N, 128, 128)
    out=torch.reshape(out, (N, 128 * 128))
    #  Normalization 正则化
    out=torch.sqrt(out +  1e-5)
    out=torch.nn.functional.normalize(out)
    #  Classification 分类
    X=self.fc(out)
    return X
```

④训练模型。

模型的损失函数采用多分类交叉熵函数 torch. nn. CrossEntropyLoss；使用自适应矩估计优化器 Adam 进行训练并更新参数，设一阶矩估计的指数衰减率为 0.9，二阶矩估计的指数衰减率 0.999，权重衰减系数为 0.000001。设置初始学习率为 0.001，采用 MultiStepLR 动态调整学习率策略，实现学习率的自动调整，即在训练的第 10、20、30、35、40、45、50 个 epoch 时将学习率衰减为原来的 10%。训练集批大小设置为 16，训练轮数设置为 50 个 epoch，采用分类准确率作为评价指标。具体代码如下。

```
# 清理显存
torch.cuda.empty_cache()
# 模型定义
net=torch_keras.Model(model(3,5))
print('training model:{}'.format(net.name()))
# Adam 优化器及超参数
optimizer=torch.optim.Adam(net.parameters(), lr=1e-03,
betas=(0.9, 0.999),eps=1e-06)
loss_fun=torch.nn.CrossEntropyLoss()    # 选择多分类交叉熵
函数
net.compile(loss_func=loss_fun,
        optimizer=optimizer,
        scheduler=torch.optim.lr_scheduler.MultiStepLR
        (optimizer, [10,20,30,35,40,45,50],gamma= 0.1,
        last_epoch=-1),
        metrics_dict= {'acc':accuracy},  # 选择评价指标
        device=torch.device("cuda:0" if torch.cuda.is_
        available() else "cpu"))
# 模型训练
dfhistory=net.fit(epochs=50,
        dl_train=train_loader,
        dl_val=test_loader,
        log_step_freq=1000)
# 模型 loss 迭代数据和权重保存
net.save(save_path)# save_path 为保存的路径
```

从图 7-12 中可以看出，训练集损失函数整体呈下降趋势，在迭代训练 20 轮后稳定在 0.2510 左右。从图 7-13 中可以看出，训练集准确率整体呈上升趋势，在迭代训练 20 轮后稳定在 90%以上。

⑤测试模型。

在进行模型测试时，使用 net.predict 函数导入训练好的模型参数，对测试集 test_loader 进行分类结果测试，具体代码如下。

```
# 模型评估
predict=net.predict(test_loader)                      # （导入
网络权重),并对测试集做预测
```

145

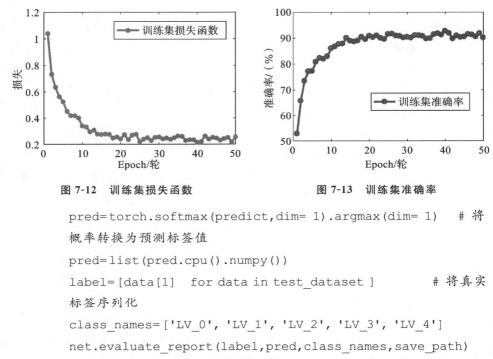

图 7-12　训练集损失函数　　　　　　图 7-13　训练集准确率

```
pred=torch.softmax(predict,dim= 1).argmax(dim= 1)    # 将
概率转换为预测标签值
pred=list(pred.cpu().numpy())
label=[data[1]   for data in test_dataset]              # 将真实
标签序列化
class_names=['LV_0', 'LV_1', 'LV_2', 'LV_3', 'LV_4']
net.evaluate_report(label,pred,class_names,save_path)
```

从图 7-14 中可以看出,测试集损失函数在前 8 轮测试周期中存在较大幅度波动,而在第 9 轮测试周期中迅速回归正常,从整体上看测试集在 10 轮周期后其损失函数趋于稳定,稳定在 0.1896 以下。从图 7-15 中可以看出,测试集准确率在前 8 轮测试周期中也存在较大幅度波动,而在随后的第 9 轮测试周期中迅速回归正常,从整体上看测试集在 10 轮周期后的准确率趋于稳定,稳定在95％左右。

（4）模型的工程应用。

本案例从某水电站施工现场获取了大量引水压力钢管安装前的锈蚀图像,该批压力钢管的直径为 8.6～10.2 m,厚为 24～68 mm,该批引水压力钢管在不同位置均呈现出轻微锈蚀状态,如图 7-16 所示。

通过工业相机现场拍摄压力钢管上不同部位的 100 张锈蚀图像,将拍摄的锈蚀图像输入到本文所构建的深度学习模型中进行验证。测试结果表明,B 级锈蚀图像数量为 6,A 级锈蚀图像数量为 94。深度学习模型输出的 6 张 B 级锈蚀图片经过现场检测人员的复核,其锈蚀等级要高于压力钢管的整体锈蚀状态。现场对比发现,采用人工目视检测的方式,整体花费时间较长,对检测人员的检测经验要求较高,检测人员还存在视觉疲劳的情况且有较强的主观性。而采用

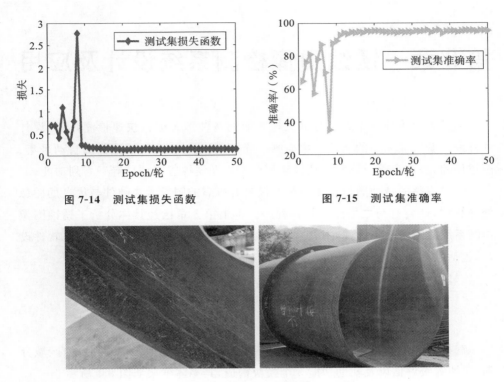

图 7-14　测试集损失函数　　　　　　图 7-15　测试集准确率

图 7-16　某水电站压力钢管锈蚀图像

机器视觉结合深度学习模型的方式，能非常客观且快速地获得成批压力钢管的锈蚀等级，这种方法可以应用于工程实际。

7.4　本章小结

传统上，水工机械设备的锈蚀检测以人工目视检测为主，整个检测过程花费时间较长，对检测人员的检测经验要求较高，检测人员存在视觉疲劳的情况且有较强的主观性。随着数字图像技术和人工智能技术的迅速发展，采用机器视觉结合深度学习模型的方式进行水工机械设备的锈蚀检测成为现实，该检测方式能够非常客观且快速地获得成批设备的锈蚀等级，大大提高了检测效率和检测精度。本章主要介绍了锈蚀图像锈蚀等级评估的相关理论基础，包括锈蚀检测的国家标准、盐雾锈蚀试验以及锈蚀等级评估的深度学习模型等内容，最后基于经典的深度学习网络架构，通过编写 Python 程序，详细介绍了锈蚀图像锈蚀等级评估的应用案例。

第8章 锈蚀图像检测系统设计及应用

为了方便工程技术人员对钢结构表面的锈蚀形态进行快速检测,需要设计并开发一套功能完整的锈蚀图像检测系统,实现钢材表面锈蚀图像的自动采集、图像压缩、自动存储、预处理、锈蚀区域分割以及锈蚀等级评估等一系列功能。

一套完整的锈蚀图像检测系统不仅要有可靠的图像采集硬件与优良的图像处理算法,还要有与之搭配的软件程序。本书第 3 章已经具体分析了锈蚀图像检测系统的图像采集硬件,本章主要介绍锈蚀图像检测系统的人机交互软件设计,包括软件系统的开发环境、总体设计、各界面的功能实现、工作流程等。

8.1 锈蚀图像检测软件的功能框架

钢材表面锈蚀图像检测系统软件主要由图像采集、图像预处理、锈蚀区域分割、锈蚀等级评估以及辅助功能 5 个模块构成,其整体框架如图 8-1 所示。

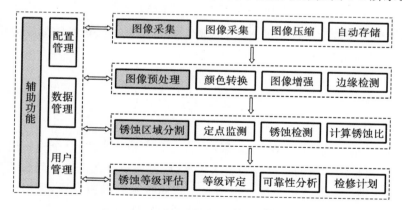

图 8-1 锈蚀图像检测系统的整体框架

图像采集模块主要用于现场的锈蚀图像采集、锈蚀图像压缩以及锈蚀图像自动存储。其中图像采集功能可以结合相机等硬件设备在系统软件界面中完成现场图像的拍照,从而得到原始的锈蚀图像数据。图像压缩功能则结合前文锈蚀图像压缩与重构模型对现场图片进行压缩、重构,在保证图像质量的前提下尽量减少图像的存储空间,提升后续分析处理图像的速度。自动存储功能可以将重构之后的图像自动存储到预先设定的 MySQL 数据库中,以此备份现场采集的关键图像数据用于后续单独查看和使用。图像采集模块需要结合硬件实现与系统的通信连接,是整个系统原始锈蚀图像数据的输入来源。

图像预处理模块主要包括颜色空间转换、图像几何变换、图像降噪、图像增强、边缘检测以及图像二值化等。其中,颜色空间转换和图像几何变换用于调整图像的尺寸和通道信息,常用的颜色空间有灰度化、RGB、HSV、HSI、YCbCr、CMY 以及 Lab 等,常用的图像几何变换有旋转、平移、缩放、镜像、转置以及仿射变换等。原始图像经过颜色空间调整和几何变换后得到的预处理图像具备规整的图像尺寸和颜色空间,其锈蚀目标主体更为突出,有利于后续深入分析。图像降噪是在尽量保留图像细节特征的前提下对原始图像的噪声进行抑制,常用的图像降噪方法有均值滤波、中值滤波、维纳滤波以及双边滤波等,原始图像经过图像降噪处理后能够有效减少背景环境中的噪点干扰。图像增强可以调整原始图像的亮度和细节信息,增强图像的整体或局部特性并扩大图像中不同目标特征之间的差异。原始图像经过特征增强处理后能够有效改善图像亮度并增强锈蚀区域的特征。边缘检测可以标识原始图像中亮度和梯度等变化明显的点,常用的边缘检测算子有 Roberts、Sobel、Prewitt、LoG 以及 Canny 等,原始图像经过边缘检测后能够提取出锈蚀的主体轮廓特征。图像二值化通过阈值得到原始图像的黑白化效果,可以简单了解图像的主体信息和目标轮廓,由此可将二值化结果作为后续深入分析的重要数据来源。图像预处理模块中包含诸多预处理手段和预处理方式,因此对于不同的锈蚀检测任务可以结合具体情况在系统软件中采用不同组合的预处理手段,以此提升系统软件的实用性。

锈蚀区域分割模块主要包括定点监测、锈蚀检测两个部分。其中定点监测能够结合本地硬件设备对钢材表面的固定位置进行拍摄,同时可以调用已经训练好的深度学习网络模型对原始图像锈蚀区域进行检测与分割,得到锈蚀区域的二值化图像,并据此计算出当前图像的锈蚀比指标。锈蚀检测功能不再局限于本地的硬件设备,部分工业现场受限于场地和环境等因素,难以布置工业相机等有线设备,这种情况下可以先利用手机、巡检小车、无人机等便捷设备对现场图像进行灵活采集,之后再将拍摄的图像上传到本地数据库中,最后在锈蚀区域分割界面中手动从数据库中导入预先拍摄的锈蚀图片,完成锈蚀区域检测与分割。

锈蚀等级评估模块主要包括锈蚀等级评定、可靠性分析以及检修计划建议等。首先结合锈蚀等级评估模型对处理后的图像进行锈蚀等级评定，然后根据评定的等级给出对应国标样图和具体描述信息，最后结合锈蚀比指标和锈蚀等级给出检修计划建议。

辅助功能模块主要包含配置管理、数据管理及用户管理等功能。其中配置管理功能模块记录了本地设备的硬件信息和各模型算法的部分重要可调参数，用户可以依据现场环境与具体项目信息等对模型算法中部分默认参数进行调整，以此提升模型的可交互性和系统软件的鲁棒性。数据管理功能模块可以保存锈蚀图像数据在每个处理阶段的检测结果及对应的评价指标，方便用户调用查看历史检测结果与指标数值，以直观对比各个阶段的效果。用户管理功能模块包括用户登录、新用户注册、密码修改、信息管理以及访问权限等，当用户登录对应权限的账号后可以进行用户信息的统计、筛选、排序以及访问权限的设置等，以实现对系统用户的管理。

8.2　锈蚀图像检测软件的工作流程

锈蚀图像检测软件的具体工作流程如图 8-2 所示。首先锈蚀图像采集界面可以实现现场图像数据的采集、压缩以及自动存储。然后在图像预处理界面中依据现场环境和拍摄条件采用合理的预处理手段，得到优化后的预处理图像。接着在锈蚀区域分割界面中对经过预处理后的图像进行锈蚀区域分割并计算锈蚀比指标，在锈蚀等级评估界面中对预处理之后的图像评估其锈蚀等级并给出对应等级的国标样图。最后结合锈蚀比指标和锈蚀等级指标，综合评定后给出检修报告建议。在整个过程中，可以根据现场的具体需求在辅助界面中对各环节重要参数进行修改调整，系统检测结束后也可在数据管理界面中调出历史数据，对比分析各个环节的效果和评价指标，便于后续的人工校验与核对分析。

锈蚀图像检测软件开发环境包含 Python 和 MATLAB，并可运行在 Windows 平台，其中图像压缩和预处理基于 MATLAB 环境开发，锈蚀区域分割和锈蚀等级评估则基于 PyTorch 环境开发，因此采集代理和预处理界面采用 MATLAB 设计，锈蚀区域分割界面和锈蚀等级评估界面则采用 PyQt5 设计，并统一部署于 Windows 环境中。

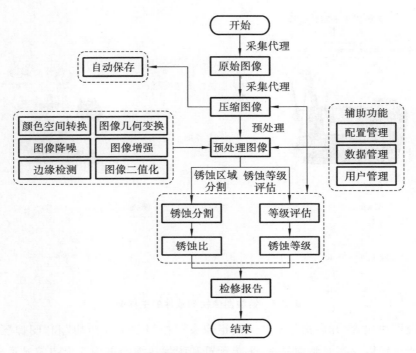

图 8-2　锈蚀图像检测软件的工作流程

8.3　锈蚀图像检测软件交互界面设计

8.3.1　主界面

主界面作为钢材表面锈蚀图像检测软件的初始界面,其界面布局如图 8-3 所示。主界面上包括菜单栏、标题栏、功能栏以及展示栏 4 个部分,其中菜单栏可以实现各子界面的快速切换,标题栏可以预览系统硬件设备图和实验设备图,功能栏可以依据需求选择相应功能并进入子界面模块,在展示栏中可以查看整个锈蚀图像检测系统的使用说明书并预览当前系统时间。

8.3.2　锈蚀图像采集界面

锈蚀图像采集界面作为图像采集和图像压缩的功能界面,主要包括图像采集系统模块和信息展示模块 2 个部分,其界面布局如图 8-4 所示。其中,图像采

菜单栏（子系统切换）

图 8-3　锈蚀图像检测软件的主界面

集系统模块包含"开启摄像头""关闭摄像头""拍照""手动剪切"和"图像压缩"5个功能按钮以及实时画面显示、采集预览和图像压缩与重构3个图像显示框；信息展示模块中则包括摄像头参数信息、程序代码反馈的提示信息、图片文件的存储路径、当前系统时间以及评价指标参数表。

　　图 8-5 为锈蚀图像采集与压缩示例，首先连接好硬件设备后点击"开启摄像头"按钮，可以在实时画面显示框中实时预览当前画面，同时对应的摄像头硬件参数会自动显示在信息展示框中，其硬件设备为 Logitech Webcam C930e，图像采用 JPG 格式；然后点击"拍照"按钮即可完成图像采集工作，点击"手动剪切"功能按钮对当前图像进行手动裁剪，图像采集完成后会在提示信息框中出现"图像采集成功！"，如果在摄像头未开启时点击"拍照"按钮则会在提示信息框中出现"错误操作，请先开启摄像头！"并自动弹出错误提示框；最后点击"图像压缩"按钮可以调用锈蚀图像压缩算法对当前采集图像进行压缩与重构，重构之后的图像会自动保存在预先设定的数据库中，同时提示信息框中出现"图像压缩与重构完成！已自动保存！"，文件存储路径名称自动展示在信息框中，图像压缩算法的评价指标则自动保存在参数表中指定的位置。对于图 8-5 中示例，其码流传输比为 4.8181，图像压缩比为 1.4151，峰值信噪比为 41.7342 dB，结构相似度为0.9895，由此可知压缩重构之后的图像与原始图像较为接近，图像质量较高且存

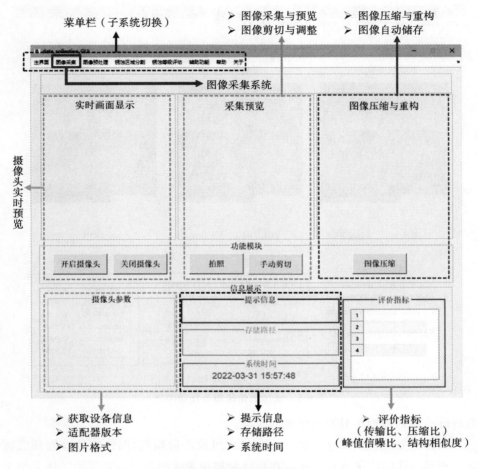

菜单栏（子系统切换）

➢ 图像采集与预览　　➢ 图像压缩与重构
➢ 图像剪切与调整　　➢ 图像自动储存

图像采集系统

摄像头实时预览

➢ 获取设备信息　　　➢ 提示信息　　　➢ 评价指标
➢ 适配器版本　　　　➢ 存储路径　　　　（传输比、压缩比）
➢ 图片格式　　　　　➢ 系统时间　　　　（峰值信噪比、结构相似度）

图 8-4　锈蚀图像采集界面

储空间相对较小,在不失真的前提下能够节省硬件存储空间并提高数据传输速度。

8.3.3　锈蚀图像的预处理界面

　　锈蚀图像预处理界面作为调整锈蚀图像尺寸和质量的功能界面,可以分为效果展示、预处理方法、说明提示区和自动分析 4 个主要部分,其界面如图 8-6 所示。

　　效果展示模块设置有"原始图像"按钮、"预处理"按钮和原始图像显示框、预处理结果显示框,用于展示对比预处理操作前后图像质量的效果差异,便于用户

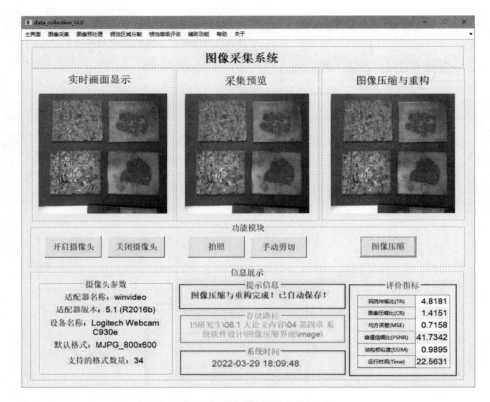

图 8-5　锈蚀图像采集与压缩示例

直观感受预处理操作对原始图像的改动。

　　图像预处理包括尺寸调整、图像变换、图像质量调整、图像边缘检测和二值化处理等具体的图像处理方法。在尺寸调整功能区中既可以对原始图像采用手动裁剪的方式调整图像尺寸，也可以通过图像尺寸选择框选取预设的图像尺寸进行自动裁剪，本案例中根据实用性预设了 64×64、128×128、320×240（240P）、256×256、600×360（360 P）、512×512、720×576（720 P）、1024×1024 和 1920×1080（1080 P）共 9 种图像尺寸以供选择。

　　图像变换功能区包括颜色空间、图像放缩、图像旋转以及组合变换 4 种图像变换手段，其中颜色空间模型功能提供了 RGB 空间、灰度化处理、HSV 空间、HSI 空间、YCbCr 空间、CMY 空间和 Lab 空间共 7 种颜色空间模型选择。图像放缩功能采用的图像插值算法有最邻近元法、双线性内插法和三次内插法 3 种放缩方法，预设的缩放倍数为 0.5 倍。图像旋转功能提供了图像旋转 45°、左右镜像、上下镜像、转置和错切共 5 种图像旋转方式以供选择。组合变换功能提供

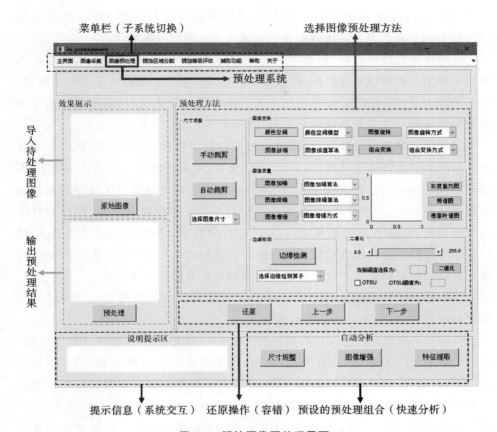

图 8-6　锈蚀图像预处理界面

了刚体变换、相似变换、放射变换和投影变换 4 种组合方式以供选择。

图像质量功能区包括图像加噪、图像降噪、图像增强以及结果展示框等功能，图像加噪功能有高斯白噪声、泊松噪声、椒盐噪声和斑点噪声 4 种不同噪声，其作用在于对比验证图像降噪算法的有效性和工程实际效果。图像降噪功能提供中值滤波、均值滤波、维纳滤波和双边滤波 4 种图像降噪方式，其作用在于降低图像中的噪点以提升图像质量。图像增强功能提供直方图均衡化、线性锐化滤波、Sobel 算子锐化、梯度锐化法、高频提升滤波法以及基于小波变换和 Retinex 的图像增强共 6 种图像增强方法，其作用在于改善图像的亮度信息并提升图像的细节特征。结果展示框则提供灰度直方图、频谱图以及傅里叶谱图 3 种展示方法，其作用在于通过坐标图直观反映图像特征增强效果。边缘检测功能区提供 Roberts、Prewitt、Sobel、LoG 和 Canny 共 5 种微分算子，二值化功能区不仅可以通过滑动条和输入框手动设置阈值以进行分割操作,而且提供 OTSU 算法自动计算当前图像的最佳阈值并完成图像分割操作。

还原操作功能区包括"还原""上一步"以及"下一步"操作按钮,其中还原操作用于取消所有的预处理操作,并在效果展示区中显示预处理之前的原始图像,"上一步"以及"下一步"操作则是用于组合多种预处理方法时,根据实际需求和效果调整采用合适的预处理组合方案,提升系统的容错率与可交互性。

自动分析功能区设置有尺寸规整、图像特征增强和图像特征提取这 3 个实用性较强的快捷预处理功能,其中"尺寸规整"按钮是将待处理图像转换为 HSV 颜色空间并自动调整像素尺寸为 256×256,便于后续进行锈蚀区域分割和锈蚀等级评估等操作。"图像增强"按钮是采用基于小波变换和 Retinex 的增强算法进行预处理,并将直方图结果展示在右侧坐标图中。"特征提取"按钮是采用 Canny 微分算子进行边缘检测以提取原始图像的边缘轮廓特征,采用 OTSU 自适应最佳阈值并对原始图像进行二值化分割以提取目标主体特征。

说明提示功能区由文本提示框构成,其作用是实现系统的交互并即时反馈程序的运行进度、处理结果等提示信息。

以图 8-7 为例,首先点击"原始图像"按钮,从数据库中导入待处理的图像,其原始像素尺寸为 678×704,因此可以在尺寸调整区中选择 1024×1024,并点击"自动裁剪"按钮进行尺寸调整,以此可以将部分不规整的图像数据统一调整为固定的尺寸和比例。然后在图像变换功能区中将 RGB 颜色空间转换为 HSV 颜色空间模型,通过图像旋转功能对图像进行左右镜像操作。紧接着为了在图像质量功能区中对比分析去噪算法的效果,通过图像加噪功能对原始图像添加泊松噪声,最后采用图像降噪功能对加噪后的图像进行双边滤波,待图像预处理操作完成后,可以点击"灰度直方图""频谱图"以及"傅里叶谱图"功能按钮查看预处理之后图像的效果。从图 8-7 可以看出,预处理之后的图像锈蚀区域偏蓝色色调,而阴影部分区域则偏绿色色调,可以为后续锈蚀区域分割和锈蚀等级评估等操作提供参考。

8.3.4　锈蚀区域分割界面

锈蚀区域分割界面作为定点监测和锈蚀检测的系统界面,可以分为图像处理和信息展示两个主要部分,其界面设置如图 8-8 所示。其中图像处理模块包含"开启摄像头""关闭摄像头""拍摄图片""打开图片"和"锈蚀分割"5 个功能按钮以及摄像头实时预览、图片预览和分割结果 3 个图像展示框。信息展示模块

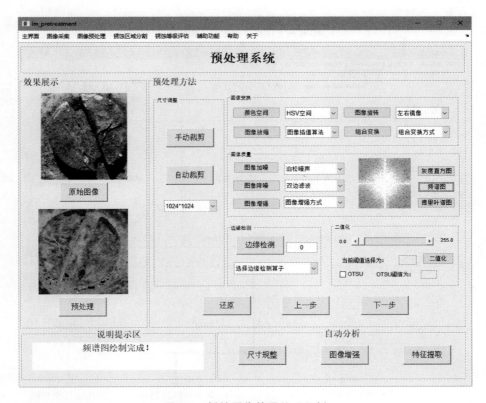

图 8-7 锈蚀图像的预处理示例

包含摄像头信息、运行细节 2 个文本展示框和"清空""项目信息"2 个功能按钮。

锈蚀区域分割系统主要包括定点监测和锈蚀检测两个主要功能。其中定点监测功能可以通过设定好相机位置对钢材表面指定部位进行监测,点击"拍摄图片"按钮采集当前图像并自动存储,点击"锈蚀分割"按钮对采集的锈蚀图像进行识别、判定并检测其是否存在锈蚀区域,若存在锈蚀则将锈蚀区域分割出来,同时计算锈蚀比指标。也可以导入外部图像对钢材表面进行锈蚀检测,在系统界面中点击"打开图片"按钮导入外部图像并在图片预览框中展示,点击"锈蚀分割"按钮对导入的图像进行锈蚀区域分割并计算锈蚀比指标。

（1）定点监测。

对于定点监测功能,开启摄像头后可以实现摄像头信息预览,在信息展示框中可以显示当前采集硬件的设备信息,从图 8-9 可以看出案例中当前摄像机型号为 Logitech Webcam C930e。然后点击"拍摄图片"按钮,可以立即采集当前

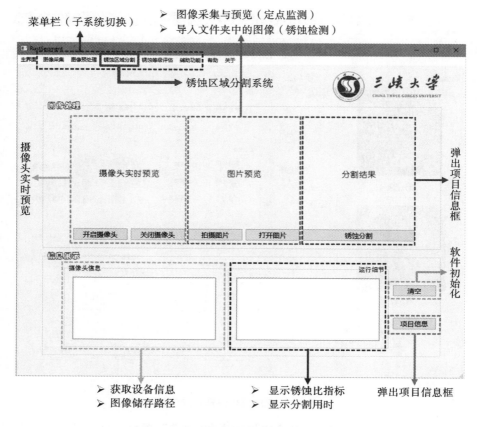

图 8-8　锈蚀图像的锈蚀区域分割界面

图像并自动保存在预设的数据库中,拍摄成功后可以在系统中看到采集的图片,最后点击"锈蚀分割"按钮实现对当前图像的锈蚀检测。图 8-9 中案例的锈蚀区域分割准确率较高,其锈蚀比指标为 3.557%,此次锈蚀区域分割用时为 0.721秒。

（2）锈蚀检测。

对于锈蚀检测功能,点击"打开图片"按钮选择待检测图片,待图像导入成功后可以在系统中预览图像和路径信息。点击"锈蚀分割"按钮即可对导入的图像进行锈蚀检测,以图 8-10 中案例为例,当前图像锈蚀区域分割完成后可以在信息展示模块中看到其锈蚀比指标为 2.414%,本次锈蚀区域分割用时为 0.809秒。

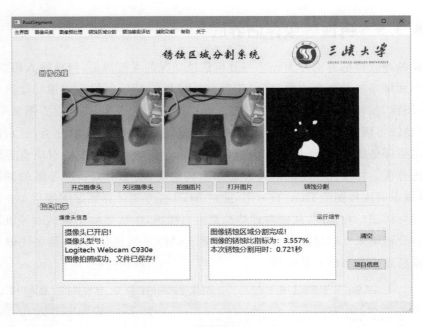

图 8-9 定点监测功能示例

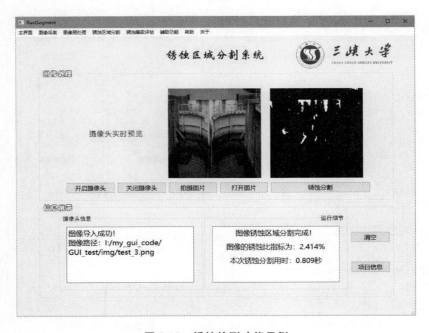

图 8-10 锈蚀检测功能示例

159

8.3.5 锈蚀等级评估界面

锈蚀等级评估界面作为评估与分析锈蚀状况的系统界面,包括输入图像、标准样图和结果展示3个主要部分,其界面如图8-11所示。输入图像功能区包括"导入图像"按钮、"锈蚀等级评估"按钮、原始图像显示框和RGB直方图显示框,点击"锈蚀等级评估"按钮可以对当前图像的锈蚀等级进行评估分类,显示框能够展示待评估图像,便于用户后续与对应锈蚀等级的国标样图和对应直方图进行对比分析。标准样图功能区与评估结果相对应,展示对应锈蚀等级的国标样图,并展示对应样图的RGB直方图,通过RGB直方图计算原始图像与4个锈蚀等级国标样图的相似度,从而对评估结果进行验证,生成当前图像锈蚀等级评估的综合分析结果。结果展示功能区可以展示锈蚀等级评估结果、程序代码反馈的提示信息以及当前系统时间。

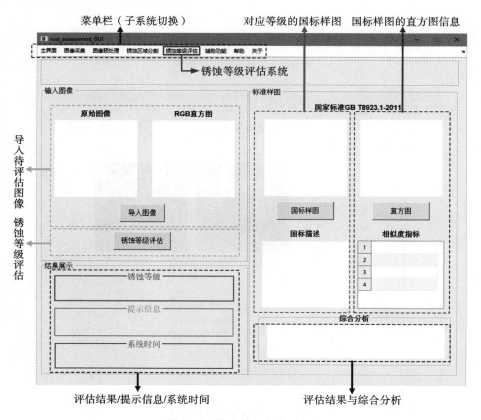

图 8-11　锈蚀等级评估界面

　　图 8-12 为锈蚀等级评估示例，首先点击"导入图像"按钮从本地路径中导入待评估图像，同时在右侧显示框中展示其 RGB 直方图。然后点击"锈蚀等级评估"按钮用经过训练的深度模型对当前图像的锈蚀等级进行评估，从图中可以看出深度模型的评估结果为 D 级锈蚀。接着点击"国标样图"按钮导入对应的国标样图和国标描述，从图中可以看出原始图像与 D 级锈蚀的国标样图较为接近，其表面氧化皮均已脱落且目测可见大量锈斑，由此可见，锈蚀等级评估模型的结果符合人工目视检测结果。最后对比分析原始图像的 RGB 直方图和国标样图的 RGB 直方图，通过计算两者的结构相似度等特征指标判断原始图像和各个锈蚀等级国标样图之间的相似性，从图 8-12 中可以看出 D 级锈蚀的相似度最大，因此，原始图像的图像相似度评估结果也为 D 级锈蚀，其结果与深度模型评估结果相符合，可综合判定原始图像中的锈蚀等级为 D 级锈蚀。

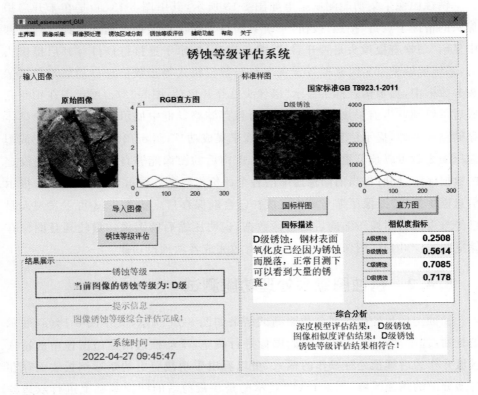

图 8-12　锈蚀等级评估示例

8.4 锈蚀图像检测软件的功能测试

系统测试是系统软件开发过程中必不可少的环节,主要目的是测试系统功能是否完善以及系统运行效果是否符合预期,以便进一步优化并完善整个检测系统。对于本章所述的钢材表面锈蚀检测系统而言,需要结合硬件设备对图像采集、图像预处理、锈蚀区域分割、锈蚀等级评估以及辅助功能5个主要功能模块进行验证,确保整个系统运行的可靠性与稳定性。

8.4.1 锈蚀图像采集功能测试

锈蚀图像采集功能测试结果如图 8-13 所示,其中图 8-13(a)是在未开启摄像头的情况下点击"拍照"按钮,系统界面自动弹出错误提示框并在提示信息框中显示"请检查摄像头是否开启!";图 8-13(b)展示了连接好硬件并开启摄像头后,系统能够预览实时画面且设备名称与数据格式等参数信息自动展示在摄像头参数框中,提示信息框中显示"摄像头已经开启!";图 8-13(c)展示了在拍照完成后可以预览当前采集的图像数据,而且存储路径框中展示了图像文件的具体存储路径名称,提示信息框中显示"图像采集成功!";图 8-13(d)展示了在完成图像压缩之后可以预览重构之后的图像,重构后的图像能够自动保存在预先设定的数据库中,同时将当前图像压缩的各个评价指标参数展示在对应列表中,提示信息框中显示"图像压缩与重构完成! 已自动保存!"。从图 8-13 可以发现人眼已经难以区分图像压缩前后的图像数据,说明压缩后的图像质量较高且图像存储空间减少,因此,图像采集系统能够有效完成各项预设功能。

8.4.2 锈蚀图像预处理功能测试

锈蚀图像预处理的部分功能测试结果如图 8-14 所示,其中图 8-14(a)展示的是通过"手动裁剪"按钮对原始图像进行调整,手动框选出原始图像中的特征区域并作为后续预处理操作的输入,可以看出手动裁剪出的矩形钢板表面存在许多分散的锈蚀区域;图 8-14(b)展示的是在裁剪后的图像基础上进行双边滤波,从图 8-14(b)中可以看出双边滤波后的图像整体上更为平滑、噪点较少且背景中的桌面纹理得以抑制,通过灰度直方图可以看出双边滤波后的图像灰度分布较为集中,呈现双峰状;图 8-14(c)展示的是采用直方图均衡化方法对双边滤

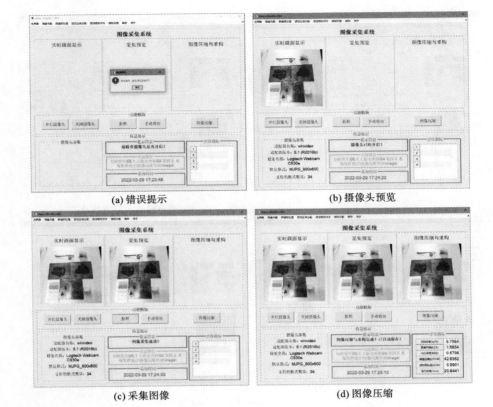

图 8-13　锈蚀图像采集功能测试结果

波后的图像进行增强,可以看出增强后的图像颜色对比度增加、轮廓边缘特征更为明显,其灰度直方图分布范围变广且分布较为均匀;图 8-14(d)展示的是对增强后的图像进行边缘检测,选择 Canny 算子作为边缘检测算子,阈值设置为0.8,可以看出提取的边缘图像能够体现矩形钢板的轮廓特征,因此,预处理后的图像可以通过边缘信息提取出钢板区域。

　　图 8-15 所示为图像二值化功能的测试结果,其中图 8-15(a)采用 OTSU 算法自动获取增强后图像的分割阈值,可以看出其阈值为 129,分割出的图像主体为矩形钢板和书签;图 8-15(b)展示的是手动调整阈值进行分割,可以看出其阈值为 21,分割出的图像主体为钢板表面的锈蚀区域。由此可见,图像预处理系统能够根据具体的任务采用不同的操作组合得到多样化的预处理方式,也能够通过边缘检测和二值化分割提取图像特征,从而为后续的图像深入研究提供基础。

163

(a) 手动裁剪

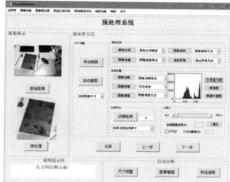

(b) 图像降噪（双边滤波）

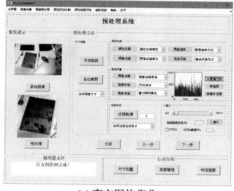

(c) 直方图均衡化

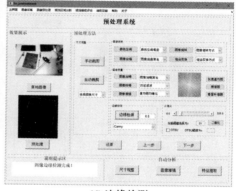

(d) 边缘检测

图 8-14　锈蚀图像预处理的部分功能测试结果

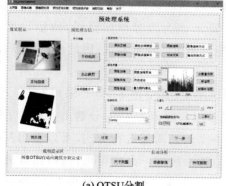

(a) OTSU分割

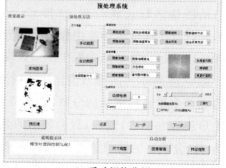

(b) 手动阈值分割

图 8-15　图像二值化功能测试结果

8.4.3　锈蚀区域分割功能测试

定点监测功能测试结果如图 8-16 所示,其中图 8-16(a)展示了在开启摄像头后通过图像预览框可以实时观察现场情形,因此,可以对指定位置的锈蚀状况进行长期监测,测试采用的摄像头型号为 Logitech Webcam C930e;图 8-16(b)则是关闭摄像头停止监测,点击"关闭摄像头"按钮后会自动弹出确认框以防误触操作;图 8-16(c)展示了在拍摄图片后可以预览当前采集的图像数据,拍摄后的图像数据能够自动储存在指定的路径文件夹中;图 8-16(d)则是对图 8-16(c)中拍摄的图片进行锈蚀检测。从图 8-16(d)可以看出当前图像的锈蚀比指标为 7.056%,锈蚀区域分割用时 0.834 秒,从分割出的二值化图像可以清楚地了解当前监测对象的锈蚀区域、部位以及大小等基本信息,因此,通过锈蚀区域分割系统可以有效实现钢材表面固定位置的锈蚀状况监测。

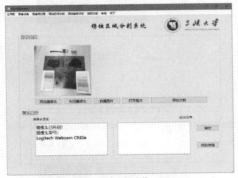

(a) 实时预览

(b) 关闭摄像头

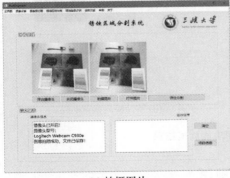

(c) 拍摄图片

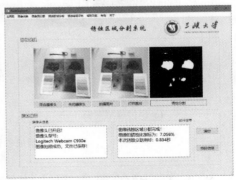

(d) 锈蚀区域分割

图 8-16　定点监测功能测试结果

采用 4 张实际工程中采集的水工钢结构表面锈蚀图像对本系统中锈蚀检测功能进行测试,其测试结果如图 8-17 所示。图 8-17(a)和图 8-17(c)中锈蚀区域较为集中,背景色调与锈蚀较为接近且存在较多腐蚀溶液流过的痕迹,但是利用锈蚀区域分割系统从外部导入图片,可以便捷地实现锈蚀区域分割,其分割结果准确且分割速度较快;图 8-17(b)和图 8-17(d)中锈蚀区域较为分散且形状复杂,背景中存在诸多分散的微小区域锈蚀,通过锈蚀区域分割系统中的锈蚀检测功能也可以较为准确地识别并定位出锈蚀区域,可以为后续锈蚀的深入检测与分析提供依据。由测试结果可知,锈蚀区域分割系统操作简便,能够导入外部图片,实现锈蚀检测和区域分割功能。

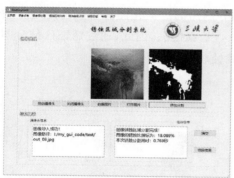

(a) 锈蚀检测案例a　　　　　　　　　　(b) 锈蚀检测案例b

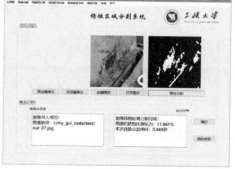

(c) 锈蚀检测案例c　　　　　　　　　　(d) 锈蚀检测案例d

图 8-17　锈蚀检测功能测试结果

8.4.4　锈蚀等级评估功能测试

锈蚀图像的锈蚀等级评估功能测试结果如图 8-18 所示,其中图 8-18(a)是导入原始图像并绘制其 RGB 三个通道的直方图,直方图分布集中在中间偏左侧,且 3 个波峰出现顺序从左至右依次为蓝色、绿色和红色分量。图 8-18(b)是调用前文训练好的深度神经网络模型对原始图像进行锈蚀等级评估,原始图像的锈蚀程度被预测为 C 级,完成预测后提示信息框中显示"锈蚀等级评估完成!"。图 8-18(c)展示了点击"国标样图"按钮可以依据图 8-18(b)中的预测结果导入对应锈蚀等级的国标样图与国标描述,结合原始图像和国标锈蚀样图便于操作人员后期校核,由分析可知,案例中钢材表面氧化皮已经全部脱落且目测可见少量褐色点状斑点,原始图像的锈蚀程度符合国标 C 级锈蚀的描述。图 8-18(d)展示了点击"直方图"按钮能够显示出图 8-18(c)中国标样图的 RGB 直方图,其直方图集中分布在中间偏左侧,且 3 个波峰出现顺序与原始图像 RGB 直方图相同;同时计算其与原始图像直方图之间的相似度,可知 A 级锈蚀相似度为 0.2712,B 级锈蚀相似度为 0.6094,C 级锈蚀的相似度为 0.7453,D 级锈蚀相似度为 0.7158,原始图像与 C 级锈蚀最为接近,其结果与深度神经网络模型的评估结果相符合,因此,原始图像的锈蚀等级评估为 C 级锈蚀较为合理。因此锈蚀等级评估系统可以结合深度网络模型进行锈蚀等级评估,也能够结合国标样图与直方图等信息从多个角度对图像中的锈蚀等级进行验证校核,从而保证锈蚀等级评估系统能够准确有效地评估与分析钢材表面的锈蚀程度。

8.4.5　用户管理功能测试

辅助功能中的用户管理功能测试结果如图 8-19 所示,其中图 8-19(a)为系统登录界面,操作人员只有在该界面输入正确的用户名和密码后才能进入到系统管理界面,当使用未注册用户名登录或账号密码错误时自动弹出错误提示框;图 8-19(b)为密码修改界面,操作人员可在此界面上修改个人信息,修改密码时要求新密码长度不小于 6 位且必须输入正确的验证码;图 8-19(c)为用户注册界面,操作人员只有输入合法的用户名且输入的 2 次密码一致才可成功注册,在密码修改界面和用户注册界面中会随机生成 4 位数的验证码,当输入的验证码正确时才可成功修改或注册;图 8-19(d)为用户管理界面,用户数据列表中会展示所有注册过的用户名称、累计登录次数以及用户最后登录时间,每个用户的累计登录时间会以柱状图的形式进行展示,管理人员可通过柱状图和筛选功能快捷、方便地了解工作人员信息。

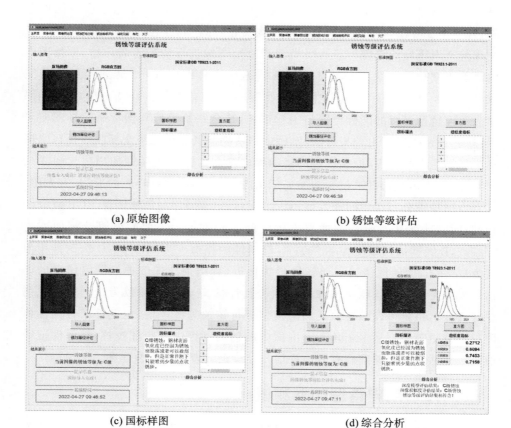

(a) 原始图像	(b) 锈蚀等级评估
(c) 国标样图	(d) 综合分析

图 8-18　锈蚀等级评估功能测试结果

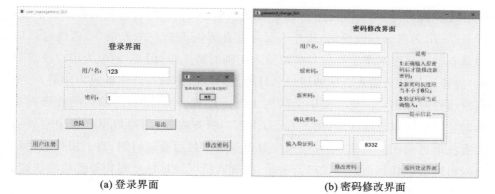

(a) 登录界面	(b) 密码修改界面

图 8-19　用户管理功能测试结果

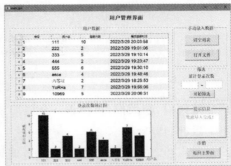

(c) 用户注册界面　　　　　　　　　(d) 用户管理界面

续图 8-19

8.5　本 章 小 结

本章介绍了钢材表面锈蚀图像检测系统的设计与开发。首先根据钢材锈蚀图像采集的要求,对图像采集系统进行选型,搭建出锈蚀图像采集的硬件平台。而后根据钢材表面锈蚀图像的特点和图像采集自动化及批量化处理的要求,搭建了钢材表面锈蚀检测系统软件的整体框架,开发了集锈蚀图像采集、分析处理和锈蚀等级评估等功能为一体的钢材表面锈蚀图像检测系统。该系统不仅可对大量锈蚀图像文件进行批量管理、分析,还应用数据库技术建立了锈蚀图像样本库,并设置了添加和删除等管理功能,保证了锈蚀图像样本的完整性和安全性。该系统主要由图像采集、图像预处理、锈蚀区域分割、锈蚀等级评估和辅助功能 5 个模块构成。最后,通过水工金属结构表面锈蚀图像状态识别的应用实例检验了锈蚀图像检测系统的可行性和有效性,该系统不仅可以简单方便地实现水工金属结构表面锈蚀图像的采集与压缩,而且能够对锈蚀区域进行有效的检测与分割,实现了智能化且端到端的锈蚀图像预处理、锈蚀区域分割、锈蚀等级评估等功能,为工程应用提供了有力支持。

参 考 文 献

[1] 范树清,李荣俊,黄济群. 金属防锈及其试验方法[M]. 北京:机械工业出版社,1989.

[2] 王一建,王余高,黄本元,等. 金属锈蚀原理与暂时防锈[M]. 北京:化学工业出版社,2018.

[3] 王恒. 金属清洗与防锈[M]. 北京:化学工业出版社,2013.

[4] 陈孟成,安家惠,齐祥安,等. 机械工程师防锈封存指南[M]. 北京:化学工业出版社,2012.

[5] Baorong H. The Cost of Corrosion in China[M]. London:Springer,2019.

[6] 张广亮,张广宇,刘向峰,等. 钢结构腐蚀检测技术探析[J]. 四川建材,2010,36(5):56-57.

[7] Billie F S,Vedhus H,Yasutaka N. Advances in Computer Vision-Based Civil Infrastructure Inspection and Monitoring[J]. Engineering,2019,5(2):199-222.

[8] 陶显,侯伟,徐德. 基于深度学习的表面缺陷检测方法综述[J]. 自动化学报,2021,47(5):18.

[9] 翁永基,李相怡. 腐蚀预测和计量学基础:从试验到数据分析,建模与预测[M]. 北京:石油工业出版社,2011.

[10] Ahuja S K,Shukla M K. A Survey of Computer Vision Based Corrosion Detection Approaches[J]. Information and Communication Technology for Intelligent Systems,2017,84(2):55.

[11] 李安邦,徐善华. 中性盐雾加速腐蚀钢结构表面形貌分形维数表征[J]. 材料导报,2019,33(20):3502-3507.

[12] Igoe D,Parisi A V. Characterization of the Corrosion of Iron Using a Smartphone Camera[J]. Instrumentation Science & Technology,2016,44(2):139-147.

[13] Idris S A,Jafar F A. Image Enhancement Filter Evaluation on Corrosion Visual Inspection[J]. Lecture Notes in Electrical Engineering,2015,

315:651-660.

[14] 李倩伟,惠征.基于小波变换的有色金属腐蚀图像自适应增强方法[J].世界有色金属,2016(13):134-136.

[15] 雷芳,熊建斌,张磊,等.金属腐蚀区域图像增强算法研究[J].智能系统学报,2019,14(2):385-392.

[16] 黄杰贤,杨冬涛,欧阳玉平,等.钢丝绳锈蚀、磨损缺陷识别研究[J].表面技术,2016,45(10):187-192.

[17] 徐善华,夏敏.锈蚀钢材表面的分形维数与多重分形谱[J].材料导报,2020,34(16):16140-16143.

[18] 郭增伟,李龙景,姚国文.基于图像小波变换的拉索钢丝锈蚀状况评估方法[J].土木工程与管理学报,2018,35(3):40-45.

[19] 姚国文,陈雪松,钟力.基于灰度图像的锈蚀拉索状况评定方法研究[J].重庆交通大学学报(自然科学版),2016,35(4):10-12,74.

[20] Liao K, Lee Y. Detection of Rust Defects on Steel Bridge Coatings Via Digital Image Recognition[J]. Automation in construction, 2016, 2(71): 294-306.

[21] 郭增伟,李龙景,姚国文.基于图像小波变换的拉索钢丝锈蚀状况评估方法[J].土木工程与管理学报,2018,35(3):40-45.

[22] Hoang N. Image Processing-Based Pitting Corrosion Detection Using Metaheuristic Optimized Multilevel Image Thresholding and Machine-Learning Approaches[J]. Mathematical Problems in Engineering, 2020, 2020:1-19.

[23] Khayatazad M, De P L, De W W. Detection of Corrosion on Steel Structures Using Automated Image Processing[J]. Developments in the Built Environment, 2020, 3:100022.

[24] Atha D J, Jahanshahi M R. Evaluation of Deep Learning Approaches Based on Convolutional Neural Networks for Corrosion Detection[J]. Structural Health Monitoring, 2017, 17(5):1110-1128.

[25] Yao Y, Yang Y, Wang Y, et al. Artificial Intelligence-based Hull Structural Plate Corrosion Damage Detection and Recognition Using Convolutional Neural Network [J]. Applied Ocean Research, 2019, 90:101823.

[26] Bastian B T，Jaspreeth N，Ranjith S K，et al. Visual Inspection and Characterization of External Corrosion in Pipelines Using Deep Neural Network[J]. NDT & E international，2019，107：102134.

[27] Chen Q，Wen X，Lu S，et al. Corrosion Detection for Large Steel Structure base on UAV Integrated with Image Processing System[J]. IOP Conference Series：Materials Science and Engineering，2019，608 (1)：12020.

[28] 王达磊,彭博,潘玥,等.基于深度神经网络的锈蚀图像分割与定量分析 [J].华南理工大学学报(自然科学版),2018,46(12):121-127.

[29] Xu J,Gui C,Han Q. Recognition of Rust Grade and Rust Ratio of Steel Structures Based on Ensembled Convolutional Neural Network [J]. Computer-aided Civil and Infrastructure Engineering，2020，35 (10)：1160-1174.

[30] Chen Q. Evaluation of Deep Learning-Based Semantic Segmentation Approaches for Autonomous Corrosion Detection on Metallic Surfaces [D]. Indiana-IN：Purdue University Graduate School,2019.

[31] Zhang S,Li Z,Yang C,et al. Segmenting Localized Corrosion from Rust-removed Metallic Surface with Deep Learning Algorithm[J]. Journal of Electronic Imaging,2019,28(4):1.

[32] 龚帆,齐盛珂,邹易清,等.锈蚀高强钢丝力学性能退化的试验研究[J].工程力学,2020,37(10):105-115.

[33] 徐善华,夏敏.锈蚀钢材表面的分形维数与多重分形谱[J].材料导报,2020,34(16):16140-16143.

[34] 王超.考虑锈蚀形态的弧形闸门数值模拟研究[D].合肥:合肥工业大学,2016.

[35] 刘海龙.锈蚀中等跨径钢箱梁承载力研究 [D].镇江:江苏科技大学,2016.

[36] 贾晨,邵永松,郭兰慧,等.建筑结构用钢的大气腐蚀模型研究综述[J].哈尔滨工业大学学报,2020,52(8):1-9.

[37] 朱德利,杨德刚,万辉,等.用于低照度图像增强的自适应颜色保持算法 [J].计算机工程与应用,2019,55(24):190-195.

[38] 丁畅,董丽丽,许文海."直方图"均衡化图像增强技术研究综述[J].计算

机工程与应用,2017,53(23):12-17.

[39] 张立亚,郝博南,孟庆勇,等.基于 HSV 空间改进融合 Retinex 算法的井下图像增强方法[J].煤炭学报,2020,45(S1):532-540.

[40] 黄伟国,张永萍,毕威,等.梯度稀疏和最小平方约束下的低照度图像分解及细节增强[J].电子学报,2018,46(2):424-432.

[41] 马红强,马时平,许悦雷,等.基于深度卷积神经网络的低照度图像增强[J].光学学报,2019,39(2):99-108.

[42] 梅英杰,宁媛,陈进军.融合暗通道先验和 MSRCR 的分块调节图像增强算法[J].光子学报,2019,48(7):124-135.

[43] Simonyan K, Zisserman A. Very Deep Convolutional Networks for Large-Scale Image Recognition [J]. arXiv e-prints, 2014: arXiv: 1409.1556.

[44] 章琳,袁非牛,张文睿,等.全卷积神经网络研究综述[J].计算机工程与应用,2020,56(1):25-37.

[45] 崔洲涓,安军社,崔天舒.基于多层深度卷积特征的抗遮挡实时跟踪算法[J].光学学报,2019,39(7):229-242.

[46] 许景辉,邵明烨,王一琛,等.基于迁移学习的卷积神经网络玉米病害图像识别[J].农业机械学报,2020,51(2):230-236.

[47] 罗建豪,吴建鑫.基于深度卷积特征的细粒度图像分类研究综述[J].自动化学报,2017,43(8):1306-1318.

[48] 葛疏雨,高子淋,张冰冰,等.基于核化双线性卷积网络的细粒度图像分类[J].电子学报,2019,47(10):2134-2141.

[49] 陈珺莹,陈莹.基于显著增强分层双线性池化网络的细粒度图像分类[J].计算机辅助设计与图形学学报,2021,33(2):241-249.

[50] 董月,冯华君,徐之海,等.Attention Res-Unet:一种高效阴影检测算法[J].浙江大学学报(工学版),2019,53(2):373-381.

[51] 李天培,陈黎.基于双注意力编码-解码器架构的视网膜血管分割[J].计算机科学,2020,47(5):166-171.

[52] 郭增伟,李龙景,姚国文.交变荷载与腐蚀环境耦合作用下拉索钢丝腐蚀行为特征及预测[J].重庆大学学报,2018(7):48-57.

[53] 陈佛计,朱枫,吴清潇,等.生成对抗网络及其在图像生成中的应用研究综述[J].计算机学报,2021,44(2):347-369.

[54] 刘坤,王典,荣梦学.基于半监督生成对抗网络 X 光图像分类算法[J].光学学报,2019,39(8):117-125.

[55] 江泽涛,覃露露.一种基于 U-Net 生成对抗网络的低照度图像增强方法[J].电子学报,2020,48(2):258-264.

[56] Chen Q C,Wen X,Lu S J,et al. Corrosion Detection for Large Steel Structure base on UAV Integrated with Image Processing System[C]// IOP conference series：Materials Science and Engineering. IOP Publishing,2019,608(1):12020.

[57] 刘红波,刘东宇,徐杰.天津新港船闸桥锈蚀检测与结构性能评估[J].天津大学学报(自然科学与工程技术版),2015(S1):147-150.

[58] Ahuja S K,Shukla M K,Ravulakollu K K. Optimized Deep Learning Framework for Detecting Pitting Corrosion based on Image Segmentation[J]. International Journal of Performability Engineering, 2021,17(7):627.

[59] 侯保荣.中国腐蚀成本[M].北京:科学出版社,2017.

[60] 全科宇.金属腐蚀强极化检测方法及应用研究[D].重庆:重庆大学,2018.

[61] 孙悦.腐蚀环境下悬索桥主缆钢丝损伤劣化研究[D].阜新:辽宁工程技术大学,2019.

[62] 柯伟.中国腐蚀调查报告[M].北京:化学工业出版社,2003.

[63] 尹文博.图像处理技术在表征腐蚀钢结构表面特征中的应用[D].西安:西安建筑科技大学,2011.

[64] Liao K W,Lee Y T. Detection of Rust Defects on Steel Bridge Coatings Via Digital Image Recognition[J]. Automation in Construction,2016, 71:294-306.

[65] 吴萍萍.材料腐蚀图像特征区域颜色与色差处理方法研究[D].重庆:重庆理工大学,2016.

[66] 张炜强,秦立高,李飞.腐蚀监测/检测技术[J].腐蚀科学与防护技术,2009,21(05):477-479.

[67] 张琪,汪笑鹤,孟超.铝合金的实验室盐雾试验腐蚀行为图像特征提取[J].装备环境工程,2018,15(02):79-83.

[68] 龙媛媛,李强,李开源,等.油田钢质常压储罐内腐蚀挂片在线检测装置的

研制[J]. 油气储运,2019,38(04):441-444.

[69] 王怿之,江朝华,毛成,等. 水工钢闸门腐蚀检测及评价方法研究[J]. 中国水运(下半月),2017,17(9):126-128,130.

[70] Melchers R E, Jeffrey R. Early Corrosion of Mild Steel in Seawater[J]. Corrosion Science,2005,47(7):1678-1693.

[71] 李亚红,元昊,王静,等. 旋转挂片法测定水处理剂缓蚀性能的精密度分析[J]. 腐蚀与防护,2015,36(07):664-668.

[72] Chen Y Y, Tzeng H J, Wei L I, et al. Corrosion Resistance and Mechanical Properties of Low-alloy Steels Under Atmospheric Conditions[J]. Corrosion Science,2005,47(4):1001-1021.

[73] 刘淼. 环境腐蚀对碳钢涂装性能影响及腐蚀检测方法研究[D]. 南京:南京航空航天大学,2014.

[74] Xia D H ,Ma C, Song S Z,et al. Detection of Atmospheric Corrosion of Aluminum Alloys by Electrochemical Probes:Theoretical Analysis and Experimental Tests[J]. Journal of The Electrochemical Society,2019,166(12).

[75] 张万灵,刘建容. 碳钢在 NaCl 溶液中初始腐蚀行为的探讨[J]. 钢铁研究,2010,38(06):28-30.

[76] Sherar B W A, Keech P G, Shoesmith D W. Carbon Steel Corrosion Under Anaerobic -aerobic Cycling Conditions in Near-neutral PH Saline Solutions. Part 2:Corrosion mechanism[J]. Corrosion Science,2011,53(11):3643-3650.

[77] Song S Z, Zhao W X, Wang J H, et al. Field Corrosion Detection of Nuclear Materials using Electrochemical Noise Techinique [J]. Protection of Metals and Physical Chemistry of Surfaces,2018,54(2):340-346.

[78] 马超. 污染大气环境中典型金属材料腐蚀萌生过程的电化学检测[D]. 天津:天津大学,2018.

[79] Latif J,Khan Z A,Stokes K. Structural Monitoring System for Proactive Detection of Corrosion and Coating Failure[J]. Sensors and Actuators A:Physical,2020,301:111693.

[80] 达波,余红发,麻海燕,等. 全珊瑚海水混凝土中不同种类钢筋的防腐蚀性

能[J]. 材料导报,2019,33(12):2002-2008.

[81] 严斌. 桥梁结构基于电涡流热成像的内部钢筋锈蚀度检测应用技术[D]. 重床:重庆交通大学,2017.

[82] 张增晓. 基于声发射检测的储罐底板腐蚀评估方法研究[D]. 北京:中国石油大学(北京),2019.

[83] Zou X T,Schmitt T,Perloff D,et al. Nondestructive Corrosion Detection Using Fiber Optic Photoacoustic Ultrasound Generator [J]. Measurement,2015,62:74-80.

[84] 蒋林林,李玲杰,苏碧煌,等. 声发射技术在储罐底板腐蚀检测中的应用[J]. 腐蚀与防护,2021,42(02):56-59.

[85] 沈功田,武新军,王宝轩,等. 基于频域可变的大型钢结构钢板腐蚀电磁检测仪器的开发[J]. 机械工程学报,2021,57(06):1-9.

[86] 王荣彪,康宜华,邓永乐,等. 钻杆内壁腐蚀的交直流复合磁化漏磁检测方法[J]. 中国机械工程,2021,32(02):127-131.

[87] Wu R K,Zhang H,Yang R Z,et al. Nondestructive Testing for Corrosion Evaluation of Metal under Coating[J]. Journal of Sensors, 2021,2021:1-16.

[88] Huang Y,Zhang H,Zhang B N,et al. A Corrosion Detection Method for Steel Strands Based on LC Electromagnetic Resonance[J]. Advances in Materials science and Engineering,2020,2020:1-13.

[89] Tan C H,Shee Y G,Yap B K,et al. Fiber Bragg Grating Based Sensing System:Early Corrosion Detection for Structural Health Monitoring[J]. Sensors and Actuators A-physical,2016,246:123-128.

[90] Rahman A,Wu Z Y,Kalfarisi R. Semantic Deep Learning Integrated with RGB Feature-based Rule Optimization for Facility Surface Corrosion Detection and Evaluation[J]. Journal of Computing in Civil Engineering,2021,35(6).

[91] Thanikachalam D V,Kavitha D M G,Bharathi V. Artificial Neural Network and Gray Level Co-occurrence Matrix Based Automated Corrosion Detection [J]. International Journal of Engineering and Advanced Technology,2019,8(6):4499-4502.

[92] 吴凯. 基于卷积神经网络的钢板腐蚀度识别方法研究[D]. 杭州:浙江理

工大学,2021.

[93] 杨瑞腾.基于图像处理的钢结构桥梁表面病害检测系统[D].武汉:华中师范大学,2021.

[94] Han Q H,Zhao N,Xu J. Recognition and Location of Steel Structure Surface Corrosion Based on Unmanned Aerial Vehicle Images[J]. Journal of Civil Structural Health Monitoring,2021,11(5):1375-1392.

[95] Khayatazad M,De Pue L,De Waele W. Detection of Corrosion on Steel Structures Using Automated Image Processing[J]. Developments in the Built Environment,2020,3:100022.

[96] Medeiros F N S,Ramalho L B,Bento P,et al. On the Evaluation of Texture and Color Features for Nondestructive Corrosion Detection[J]. Eurasip Journal on Advances in Signal Processing,2010,2010:1-7.

[97] 尹文博,徐善华.图像处理在表征大气酸腐蚀钢结构表面颜色特征中的应用[J].华北水利水电学院学报,2011,32(03):21-24.

[98] 郭建斌,王楠,王泽民.水工钢结构腐蚀的图像识别技术[J].河海大学学报(自然科学版),2012,40(05):539-543.

[99] Jahanshahi M R,Masri S F. Parametric Performance Evaluation of Wavelet-Based Corrosion Detection Algorithms for Condition Assessment of Civil Infrastructure Systems[J].Journal of Computing in Civil Engineering,2013,27(4):345-357.

[100] 夏莹.基于图像分析的 Q235 钢海水腐蚀检测技术研究[D].大连:大连理工大学,2017.

[101] 张岳魁.基于视觉的高压输电线路锈蚀检测[D]北京:北京交通大学,2018.

[102] Huang X B,Zhang X L,Zhang Y,et al. A Method of Identifying Rust Status of Dampers Based on Image Processing[J]. IEEE Transactions on Instrumentation and Measurement,2020,69(8):5407-5417.

[103] Jin L H,Hwang S,Kim H,et al. Steel Bridge Corrosion Inspection with Combined Vision and Thermographic Images[J]. Structural Health Monitoring,2021,20(6):3424-3435.

[104] Bastian B T,Jaspreeth N,Ranjith S K,et al. Visual Inspection and Characterization of External Corrosion in Pipelines Using Deep Neural

Network[J]. NDT & E International, 2019, 107:102134.

[105] Xu J, Gui C Q, Han Q H. Recognition of Rust Grade and Rust Ratio of Steel Structures Based on Ensembled Convolutional Neural Network [J]. Computer-aided Civil and Infrastructure Engineering, 2020, 35 (10):1160-1174.

[106] 姜卫.基于改进型 YOLOv3 和模型轻量化的锈蚀检测及应用[D].南京:南京邮电大学,2021.

[107] 桂常清.基于集成卷积神经网络的钢结构锈蚀识别[D].天津:天津大学,2019.

[108] Zhang S X, Li Z L, Yang C, et al. Segmenting Localized Corrosion from Rust-removed Metallic Surface with Deep Learning Algorithm[J]. Journal of Electronic Imaging, 2019, 28(04):1.

[109] Papamarkou T, Guy H, Kroencke B, et al. Automated Detection of Corrosion in Used Nuclear Fuel Dry Storage Canisters Using Residual Neural Networks[J]. Nuclear Engineering and Technology, 2021, 53 (2):657-665.

[110] Zhou Q F, Ding S Q, Feng Y G, et al. Corrosion Inspection and Evaluation of Crane Metal Structure Based on UAV Vision[J]. Signal, Image and Video Processing, 2022.

[111] 王达磊,彭博,潘玥,等.基于深度神经网络的锈蚀图像分割与定量分析 [J].华南理工大学学报(自然科学版),2018,46(12):121-127.

[112] Qian C. Evaluation of Deep Learning-based Semantic Segmentation Approaches for Autonomous Corrosion Detection on Metallic Surfaces [D]. Indiana-IN:Purdue University, 2019.

[113] Forkan A R M, Kang Y, Jayaraman P P, et al. CorrDetector:A Framework for Structural Corrosion Detection from Drone Images Using Ensemble Deep Learning[J]. Expert systems with applications, 2022, 193.

[114] 李洪均,谢正光,王伟.小波域的灰色关联度图像压缩[J].东南大学学报 (自然科学版),2017,47(02):236-241.

[115] 刘衍琦,詹福宇,蒋献文,等.MATLAB 计算机视觉与深度学习实战 [M].北京:电子工业出版社,2017.

[116] 杨楚哲,赵岩,王世刚,等.小波变换下的特征匹配图像编码[J].哈尔滨工程大学学报,2018,39(11):1816-1822.

[117] 林行.基于零树小波的静止图像压缩算法的研究[D].沈阳:沈阳工业大学,2014.

[118] Brahimi T, Khelifi F, Laouir F, et al. A New, Enhanced EZW Image Codec with Subband Classification[J]. Multimedia Systems, 2022, 28 (1):1-19.

[119] 陈冬,张田文,李东.位渐进逼近量化的 EZW 改进算法[J].哈尔滨工业大学学报,2010,42(05):779-783.

[120] 刘茵.基于小波变换的图像压缩编码研究[D].西安:西安科技大学,2011.

[121] 李清.基于预测的无损彩色图像压缩算法研究[D].重庆:重庆大学,2015.

[122] Hubel D H, Wiesel T N. Receptive Fields, Binocular Interaction and Functional Architecture in the Cat's Visual Cortex[J]. the Journal of Physiology, 1962, 160(1):106-154.

[123] Fukushima K. Neocognitron: a Self Organizing Neural Network Model for a Mechanism of Pattern Recognition Unaffected by Shift in Position [J]. Biological Cybernetics, 1980, 36(4).

[124] Lecun Y, Bottou L, Bengio Y, et al. Gradient-based Learning Applied to Document Recognition[J]. Proceedings of the IEEE, 1998, 86(11).

[125] Krizhevsky A, Sutskever I, Hinton G E. ImageNet Classification with Deep Convolutional Neural Networks [J]. Advances in Neural Information Processing Systems, 2012, 25:1097-1105.

[126] Simonyan K, Zisserman A. Very Deep Convolutional Networks for Large-scale Image Recognition [J]. arXiv preprint arXiv: 1409. 1556, 2014.

[127] Szegedy C, Liu W, Jia Y, et al. Going Deeper with Convolutions[C]// Proceedings of IEEE Conference on Computer Vision and Pattern Recognition. IEEE, 2015:1-9.

[128] He K, Zhang X, Ren S, et al. Deep Residual Learning for Image Recognition[C]//Proceedings of IEEE Conference on Computer Vision

and Pattern Recognition. IEEE,2016:770-778.

[129] Huang G，Liu Z，Weinberger K Q，et al. Densely Connected Convolutional Networks［C］//Proceedings of IEEE Conference on Computer Vision and Pattern Recognition. IEEE,2017,1(2):3.

[130] Hu J，Shen L，Sun G. Squeeze-and-Excitation Networks［C］//Proceedings of the IEEE Conference on Computer Vision and Pattern Recognition. IEEE,2018:7132-7141.

[131] Xie S,Girshick R,Dollár P,et al. Aggregated Residual Transformations for Deep Neural Networks［C］//Proceedings of the IEEE Conference on Computer Vision and Pattern Recognition. IEEE,2017:1492-1500.

[132] Zhang X，Zhou X，Lin M，et al. Shufflenet：An Extremely Efficient Convolutional Neural Network for Mobile Devices［C］//Proceedings of the IEEE Conference on Computer Vision and Pattern Recognition. IEEE,2018:6848-6856.

[133] Tan M，Le Q. Efficientnet:Rethinking Model Scaling for Convolutional Neural Networks［C］//International Conference on Machine Learning. PMLR,2019:6105-6114.

[134] 翟富豪.基于卷积神经网络的语义分割算法研究［D］.无锡:江南大学,2021.

[135] 张浩,王亮,司马立强,等.基于图像区域分割和卷积神经网络的电成像缝洞表征［J］.石油地球物理勘探,2021,56(04):698-706.

[136] 张胜文,周曦,李滨城,等.基于图像深度学习的零件加工特征信息提取方法［J］.中国机械工程,2022,33(03):348-355.

[137] Guo Y M，Liu Y，Oerlemans A，et al. Deep Learning for Visual Understanding:A Review［J］. Neurocomputing,2016,187:27-48.

[138] 王位.基于深度学习的 MRI 心脏图像自动分割［D］.合肥:中国科学院大学,2021.

[139] 管成.基于深度模糊卷积网络的嘴唇分割技术研究［D］.上海:上海交通大学,2020.

[140] 张建.基于深度学习的图像语义分割方法［D］.成都:电子科技大学,2018.

[141] 陈鸿翔.基于卷积神经网络的图像语义分割［D］.杭州:浙江大学,2016.

［142］ Zhang M，Zhou Y，Zhao J Q，et al. A Survey of Semi-and Weakly Supervised Semantic Segmentation of Images［J］. The Artificial Intelligence Review,2019,53(6):4259-4288.

［143］ 田萱,王亮,丁琪. 基于深度学习的图像语义分割方法综述[J].软件学报,2019,30(02):440-468.

［144］ 罗会兰,张云.基于深度网络的图像语义分割综述[J].电子学报,2019,47(10):2211-2220.

［145］ Long J,Evan S,Trevor D. Fully Convolutional Networks for Semantic Segmentation［C］//IEEE Conference on Computer Vision and Pattern Recognition. Piscataway,NJ：IEEE,2015:3431-3440.

［146］ 魏伏佳.基于卷积神经网络的清水混凝土表面气泡检测与评价[D].重庆:重庆大学,2020.

［147］ Chen L C,Zhu Y K,George P,et al. Encoder-decoder with Atrous Separable Convolution for Semantic Image Segmentation［C］// European Conference on Computer Vision. Berlin：Springer，2018：801-818.

［148］ 司海飞,史震,胡兴柳,等.基于 DeepLab V3 模型的图像语义分割速度优化研究[J].计算机工程与应用,2020,56(24):137-143.

［149］ Ronneberger O ,Fischer P,Brox T. U-Net:Convolutional Networks for Biomedical Image Segmentation［C］//Medical Image Computing and Computer-Assisted Intervention. MICCAI,2015:234-241.

［150］ 夏康力.基于 U-Net 的三维医学图像分割方法研究[D].广州:华南理工大学,2019.

［151］ 吴茂贵,郁明敏,杨本法,等,Python 深度学习[M].北京:机械工业出版社,2019

［152］ Du G T,Cao X,Liang J M. Medical Image Segmentation Based on U-Net:A Review[J]. Journal of Imaging Science and Technology,2020,64(2).

［153］ 张连超,乔瑞萍,党祺玮,等.具有全局特征的空间注意力机制[J].西安交通大学学报,2020,54(11):129-138.

［154］ 董月,冯华君,徐之海,等. Attention Res-Unet:一种高效阴影检测算法[J].浙江大学学报(工学版),2019,53(02):373-381.

[155] 宁芊,胡诗雨,雷印杰,等.基于多尺度特征和注意力机制的航空图像分割[J].控制理论与应用,2020,37(06):1218-1224.